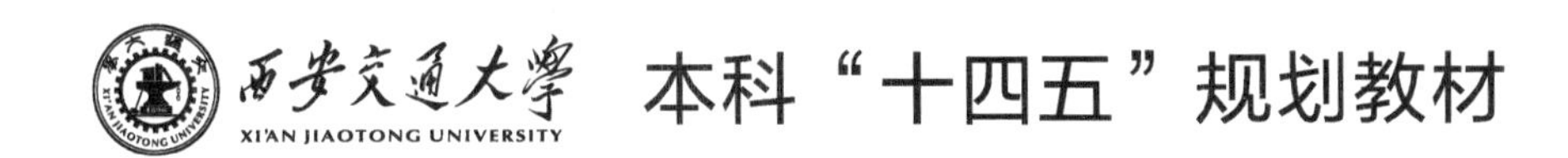

本科“十四五”规划教材

光学测量技术

方钦志 徐志敏 编著

西安交通大学出版社
XI'AN JIAOTONG UNIVERSITY PRESS

图书在版编目(CIP)数据

光学测量技术 / 方钦志,徐志敏编著.—西安：西安交通大学出版社，2022.1
ISBN 978-7-5693-2363-4

Ⅰ.①光… Ⅱ.①方… ②徐… Ⅲ.①光学测量
Ⅳ.①TB96

中国版本图书馆 CIP 数据核字(2021)第 228645 号

书　　名　光学测量技术
　　　　　　GUANGXUE CELIANG JISHU
编　　著　方钦志　徐志敏
责任编辑　田　华
责任校对　李　文
装帧设计　伍　胜

出版发行　西安交通大学出版社
　　　　　　(西安市兴庆南路 1 号　邮政编码 710048)
网　　址　http://www.xjtupress.com
电　　话　(029)82668357　82667874(发行中心)
　　　　　　(029)82668315(总编办)
传　　真　(029)82668280
印　　刷　西安日报社印务中心

开　　本　787mm×1092mm　1/16　**印张**　10.25　**字数**　255 千字
版次印次　2022 年 1 月第 1 版　2022 年 1 月第 1 次印刷
书　　号　ISBN 978-7-5693-2363-4
定　　价　28.00 元

发现印装质量问题，请与本社发行中心联系。
订购热线：(029)82665248　(029)82665249
投稿热线：(029)82664954　QQ：190293088
读者信箱：190293088@qq.com

前 言

随着构件的小型化和精细化，传统的接触式测量技术已经满足不了工程和科研的需要，因而以光测技术为基础的测试技术受到了越来越多的重视，相应的测试技术已经越来越成熟。计算机的应用更使得原来的光测技术得到了新的发展。为了满足工程和科研中力学测量的需要，同时结合当前教学安排，我们编写了本教材。本教材主要内容如下。

第 1 章主要介绍了常用的光学基本知识，包括偏振光基本特性，光的折射、反射以及干涉现象，同时还介绍了二色性晶体等光学元件的特性。

第 2 章和第 3 章重点介绍了光弹性法测量应力的基本原理，等差线、等倾线图及其特性，以及如何利用得到的等差线、等倾线图提取构件应力。根据作者多年的教学研究成果，本书中首次给出了以光强法为基础的等差线和等倾线参数的提取方法。

第 4 章简单介绍了光弹性贴片法，以使学生能够利用平面光弹性的基本知识解决构件表面应力应变的测试问题。

第 5 章介绍了散射光弹性方法。尽管散射光弹性方法对测试环境要求较高，但该方法在测量模型内部三维应力方面有其独特的优点。

第 6 章介绍了全息光弹性方法的测试技术。该方法不但可以获得等倾线和等差线图，还可以获得等程线和等和线图，解决了普通光弹性方法不易进行应力分离的问题，并且精度也有较大提高。

第 7 章介绍了如何利用全息照相技术进行物体表面三维位移测量的技术。

第 8 章主要介绍了利用云纹栅进行表面变形的云纹测试技术，除了讲解传统的云纹方法之外，作者根据自己的教学研究成果，首次提出了数码云纹的概念。

第 9 章简单介绍了激光散斑测试技术。

第 10 章作者在自己的研究成果的基础上，结合文献及其它教材，重点介绍了利用人工散斑进行物体表面位移场测量的图像相关分析法，以及在此基础上发展起来的双镜头和单镜头三维位移场测量技术。

作为知识面的扩充，第 11 章和第 12 章分别介绍了光纤传感技术和相位检测技术。

本书第 1 章至第 10 章由方钦志编写，第 11 章和第 12 章由徐志敏编写。全书由方钦志主编并统稿。本书初稿完成后，承蒙王钢锋教授认真审阅，并提出了改进意见。在此，向王钢锋教授深表感谢。

由于作者学识浅薄，加之实践经验有限，书中谬误及不当之处实难避免，敬请读者批评指正。

作 者

2021 年 10 月 28 日

目　录

第1章　光学基本知识

1.1　光波

现代物理学理论认为，光具有波粒两重性。从粒子观点看，光是由具有一定质量、能量和动量的粒子组成的粒子流，如在光电效应、光辐射学物理现象中，光就表现为粒子性。而在另一些物理现象中，如光的偏振、干涉、衍射等，光表现为波动性。

光测力学中涉及的光的现象，如光的偏振、干涉和衍射，都表现为光的波动性，一般可以用波动理论来解释，即认为光波是一种电磁波。根据光的电磁理论，光波是一种电磁波，电磁波的传播会产生周期性变化的电场和磁场。在光波波列中每点的电场强度和磁场强度作周期性变化，在空间上由光源向远处传播出去。电场和磁场的振动方向与光的传播方向垂直，所以光是一种横波。

光波中产生光感作用的是电场强度，称为光的矢量，通常用图表示光波时，只画出电场的矢量。波列中每一点的光矢量都在自己的平衡位置往复变化，光矢量达到的最大值叫作振幅，用 a 表示。任意时刻，一列以速度 $\boldsymbol{v}$ 向 x 方向传播的光波可用正弦函数来描述。如图1-1(a)所示。横坐标为空间距离，纵坐标为振幅。图1-1(a)中光波中两相邻的顶点或谷底的距离称为波长，通常用 λ 表示，以 Å(1 Å$=10^{-10}$ m)为单位表示。

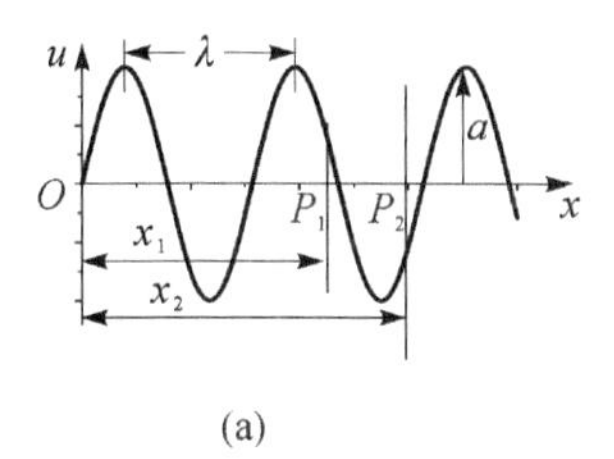

(a)

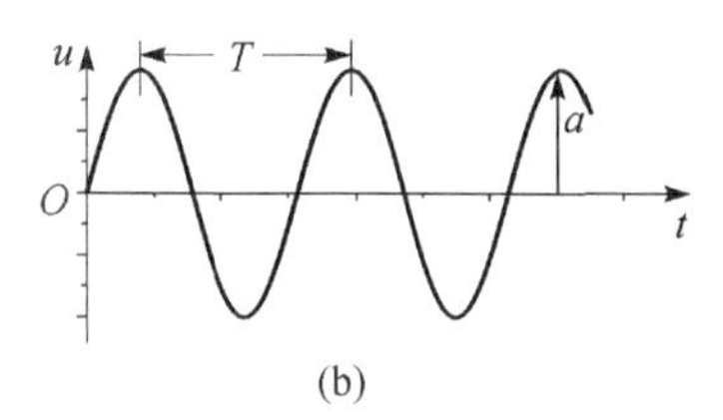

(b)

图1-1　光波

在光波波列中，任意一点(例如 P_1)的电场强度或磁场强度随时间作周期性变化，也可以用正弦波表示，如图1-1(b)所示，横坐标为时间，纵坐标为振幅。两相邻的顶点或谷底的时间长度称为周期，用 T 表示。

同一波列的光矢量都作周期变化，波列上任选一点，光矢量只在 $\pm a$ 的范围内往复地变化着，用数学式表示，则为

$$u = a\sin(\omega t + \varphi) \tag{1-1}$$

式中：a 为振幅；ω 为圆频率；t 为时间；φ 为初相位，取决于初始计算时刻。

当初相位为零时，它具有最简单的形式：

$$u = a\sin\omega t$$

光波每秒振动的次数称为频率，通常用 f 表示。由此可知，周期 T 和频率 f 互为倒数，可

以用式(1-2)表示为

$$T=\frac{1}{f} \tag{1-2}$$

$$\omega=2\pi f \tag{1-3}$$

一个光波离开波源发射出来,如果波源的发射是连续的,那么经过1 s后,波源已连续发射了 f 个同样的波。这样,第一波的前端和波源中间隔着 f 个波,它的前端离波源的距离为 $f\lambda$,这是光波在1 s所经过的路程,称为光速 v,表示为

$$v=f\lambda$$

$$\lambda=vT \tag{1-4}$$

图1-1(a)可以用方程表达为

$$u=a\sin\left(\frac{2\pi x}{\lambda}+\varphi\right) \tag{1-5}$$

将 $x=vt$ 代入式(1-5)可得波前光波方程:

$$u=a\sin\left(\frac{2\pi}{\lambda}vt+\varphi\right) \tag{1-6}$$

对比式(1-1)和式(1-6),可以看出

$$\omega=\frac{2\pi}{\lambda}v \tag{1-7}$$

对于同一时刻从光源发出的光波,经过传播方向上相距为 Δx 的两点(如图1-1(a)中的 P_1 和 P_2)的相位差为 $\frac{2\pi\Delta x}{\lambda}$。

1.2 单色光、白光和互补色

光矢量的振动方向与视线垂直时,就发生视觉。颜色的感觉是由频率引起的,每一种频率或波长的光对应一种颜色,仅有一种波长或频率的光为单色光。不同频率的光波显示出不同的颜色。光波的频率与传播的介质无关,光进入不同的介质时,其颜色保持不变。光的波长和速度与光所通过的介质有关,即颜色不是波长的函数,但是习惯上用光在真空中的波长来表示,这是由于真空中各种波长光波的光速是一样的。

可见光的波长变化范围从3900 Å(紫色)到7700 Å(红色)。各种颜色光波波长的范围如图1-2所示。

通常太阳光、白炽灯所发出的光是白光,是由各种可见光同时作用所产生的,也是所有颜色混合的结果。由图1-2可以看出,每种色光对应一定的波长。图中对顶角内的两色称为互补色,两种互补颜色的色光混合即成白光。例如红与绿、橙与青、黄与蓝、黄绿与紫均为互补色。若在白光中有某一色光从图中的色谱中消失,则呈现的就是它的互补色光。

光弹性实验中常用的光源有白炽灯、水银灯和钠光灯。水银灯的灯光通过滤色片可得到波长为5461 Å的单色绿光。钠光灯产生的是波长为5893 Å的单色黄光。近代的激光器可以获得单色性非常好的单色光。例如,氦-氖气体激光器所产生的激光是波长为6328 Å的单色红光。激光器的发展为光弹性实验的发展提供了新的良好条件。

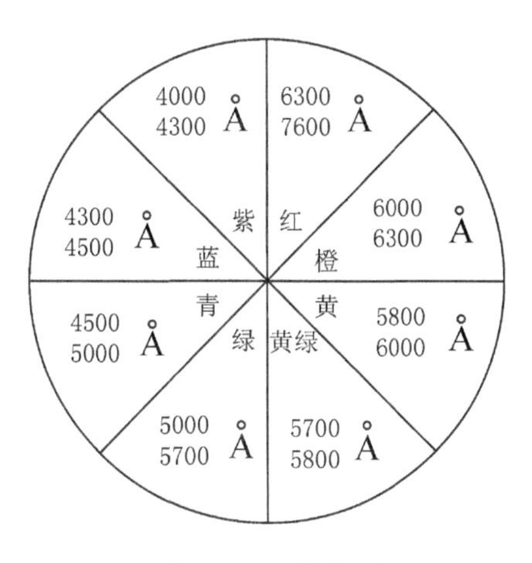

图1-2　互补色图

1.3　自然光与偏振光

太阳和白炽灯等常见光源发出的光是由无数互不相干的波组成的，属于自然光。自然光在垂直于光波传播方向的平面内，这些波的振动方向可取任何可能的方向，没有一个方向较其它方向更占优势。也就是说，在所有可能的方向上，它的振幅都是相等的，这种光称为自然光(图1-3(a))。

自然光那种完全杂乱的横振动是很容易加以改变的。例如，当它穿过某些物质或在某些物体表面上反射之后，它的电场振动便可限制在一个确定的方向上，而使其余方向的电场振动都被较大程度地消弱，甚至完全消除。这种经过改变后的光线只有一个振动方向的横波，它与自然光不同，称为偏振光。如光波在垂直于传播方向的平面内只在某一个方向上振动，且光波沿传播方向上所有点的振动均在同一平面内，此种光波称为平面偏振光(图1-3(b))。

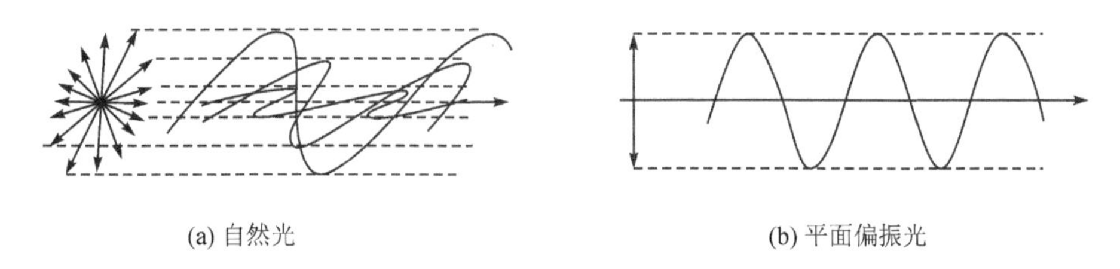

图1-3　自然光和平面偏振光

图1-4是用二色性晶体薄片产生平面偏振光的方法。非偏振光射入这类晶体后，分解为两束振动方向互相垂直的平面偏振光。晶体对这两束平面偏振光的吸收能力差别很大，其中一束被完全或大部分吸收，这样，射出晶体的光即为单一的平面偏振光。这种具有不同吸光能力的特性，称为二色性。二色性晶体可以在天然晶体中找到(例如电气石)，也可通过人工制造得到，例如以聚乙烯醇为主的人造二色性薄片(称为偏振片)已获得了广泛使用。

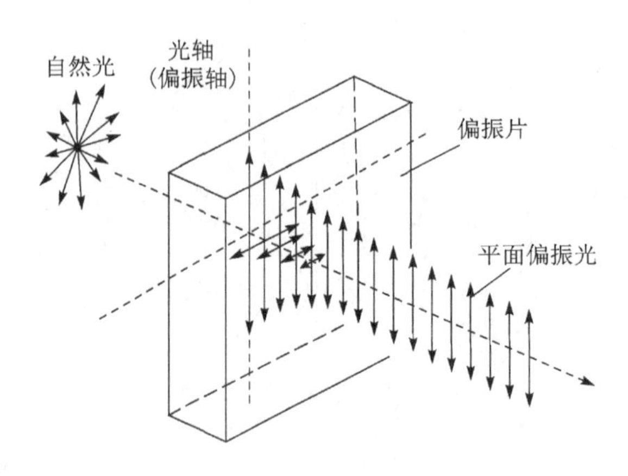

图 1-4 平面偏振光的产生

常见的偏振光有下面三类,这三类偏振光在光弹性实验中都要用到。

1.3.1 平面偏振光

光矢量的横向振动在一个平面中,这种偏振光称为平面偏振光。某一时刻各点光矢量的顶点在空间上所描出的轨迹是一条正弦(或余弦)曲线,即该瞬时光波的波形是正弦(或余弦)曲线。平面偏振光中光矢量的振动平面称为平面偏振光的振动平面,如图 1-5(a)所示。

1.3.2 椭圆偏振光

光波沿光传播方向,各点光矢量的大小和方向连续不断地改变,即光矢量是一个旋转矢量,矢量顶点的轨迹在横向的投影是一个椭圆,如图 1-5(b)所示,这种光称为椭圆偏振光。

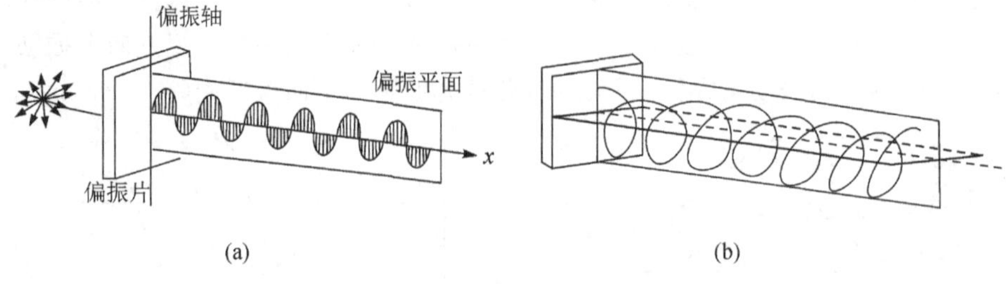

图 1-5 平面偏振光和椭圆偏振光

1.3.3 圆偏振光

圆偏振光是椭圆偏振光的特殊情况。光矢量的方向连续地改变,而它的大小则不变,光矢量的顶点的轨迹在横向的投影是一个圆。

1.4 光的折射与反射

真空中光的传播速度 c 约为 3×10^8 m/s。在任何其它介质中,光的传播速度比其在真空中的速度低。光在真空中的速度与其在某种介质中的速度之比,是这种介质的一种特性,称为折射率 n。大多数气体的折射率 $n>1$(空气的折射率 $n=1.0003$)。液体的折射率为 1.3~1.5(如水的折射率，$n=1.33$)，而固体的折射率为 1.4～1.8(如玻璃的折射率，$n=1.5$)。

一种物质的折射率随透射光的波长而稍有不同。这种折射率对波长的依赖关系，叫作色散。由于光波的频率与所通过的材料无关，且光在物质中的传播速度比真空中的小，因而光在某种物质中的波长比真空中的短。因此，当一个波在某种物质中传播时，将相对于在真空中传播发生一个线性相位移动 δ。

通过实验观察得知，当一束光射到折射率不同的两种透明材料的界面上时，它一般都要分成一束反射光和一束折射光，如图 1－6(a)所示。反射光束和折射光束都位于入射光束与界面法线所构成的平面内，该平面叫作入射平面。入射角 α、反射角 β 和折射角 γ 的关系如下。

对于反射：

$$\alpha=\beta \tag{1-8}$$

对于折射：

$$\frac{\sin\alpha}{\sin\gamma}=\frac{n_2}{n_1}=n_{21} \tag{1-9}$$

式中：n_1 为材料 1 的折射率；n_2 为材料 2 的折射率；n_{21} 为材料 2 对材料 1 的折射率。

如果光束发源于折射率较高的材料中，n_{21} 小于 1。在这种情况下，当折射角 γ 为 90°时，就达到了某个临界入射角 α_c。入射角大于此临界角时，就没有折射光线，而发生全内反射。如果光束发源于折射率较低的介质中，就不可能产生全内反射。

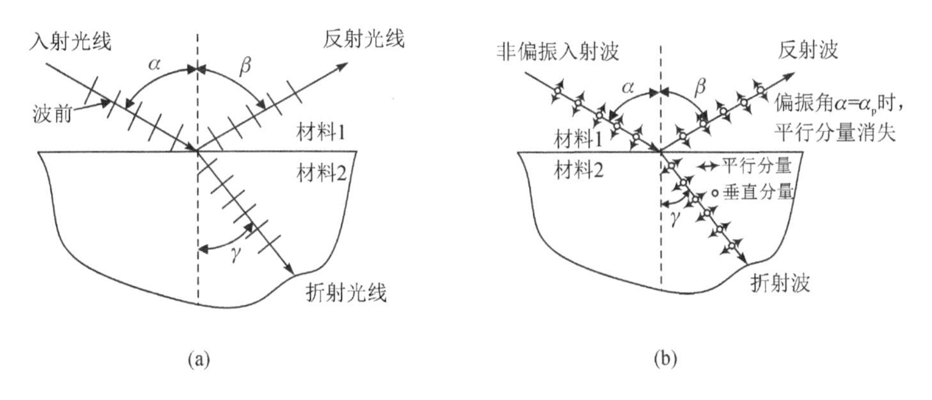

图 1－6　各向同性介质中的入射、反射与折射

反射和折射定律给出了有关反射光线和折射光线方向的信息，但是没有给出有关光强的信息。光强关系可以从麦克斯韦方程式导出。这种关系表明：反射光束的光强既依赖于入射角，又依赖于入射光束的偏振方向。假定有一个完全非偏振光束投射到两种透明介质之间的界面上，如图 1－6(b)所示，光束中每个波列的电矢量都可以分成两个分量，一个垂直于入射平面(垂直分量)，另一个平行于入射平面(平行分量)。反射光束的光强可表示成

$$I_r=RI_i \tag{1-10}$$

式中：I_r 为反射光光强；I_i 为入射光光强；R 为反射系数。

对于垂直分量：

$$R_{90°}=\frac{\sin^2(\alpha-\gamma)}{\sin^2(\alpha+\gamma)} \tag{1-11}$$

对于平行分量：

$$R_{0^\circ}=\frac{\tan^2(\alpha-\gamma)}{\tan^2(\alpha+\gamma)} \tag{1-12}$$

由式(1-12)可以得到，当 $\tan(\alpha+\gamma)=\infty$，即 $\alpha+\gamma=90^\circ$ 时，$R_{0^\circ}=0$，即平行分量的反射系数为零。这个能使平行分量的反射系数为零的特殊入射角叫作偏振角 α_p。由式(1-9)可得

$$\alpha_p=\arctan\left(\frac{n_2}{n_1}\right) \tag{1-13}$$

实验发现：当光线从折射率较低的介质入射时，反射光出现 $\lambda/2$ 的损失，相位改变 180°(π)；当光线从折射率较高的介质入射时，反射光相位不变。

1.5 光的双折射

在关于反射和折射的讨论中，所涉及的材料都是光学各向同性的(物质中所有方向的折射率是相同的)，因此，光沿所有方向都以相同的速度传播。当光入射光学各向同性体中时，发生折射，但不改变光的振动性质，在任何方向振动时，光的传播速度是不变的，而且只有一个折射率。自然光透过各向同性体保持任意的横振动方向，不发生偏振现象。

当光入射光学各向异性晶体(如方解石)中时，一条单色自然光进入其中，便被分成两条，如图 1-7 所示，这就是双折射现象。

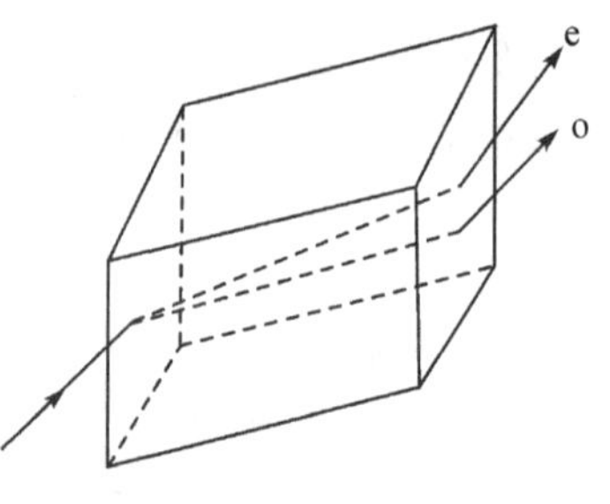

图 1-7 双折射现象

自然光进入各向异性晶体后，它原有的各方向振动合并在两个互相垂直的方向上。同时，这两种振动分别以不同速度透过物体，成为两条互相垂直的平面偏振光。由双折射分出的这两条速度不同的平面偏振光，其中只有一条遵守折射定律，称为寻常光(o)，另一条不符合此定律的称为非寻常光(e)。寻常光的折射率 n_o 与光的传播方向无关，是一个常数；非寻常光的折射率 n_e 随在晶体中传播方向的不同而不同。

图 1-8 表示将一块方解石放在纸面一个黑点上，从上向下观看时能看到两个像，从图 1-8(a)可以清楚看出 e 光不遵守折射定律。当改变入射角时，o、e 像的距离随之改变，如图 1-8(b)所示。如果入射光进入晶体的某一特殊方向，两个像就完全重合而不出现双折射现象，光沿这个方向只有一个速度，如图 1-8(c)所示。晶体内这一特殊方向，称为该晶体的光轴。光轴只表示晶体内部的一个特殊方向，而不是一条确定的线。

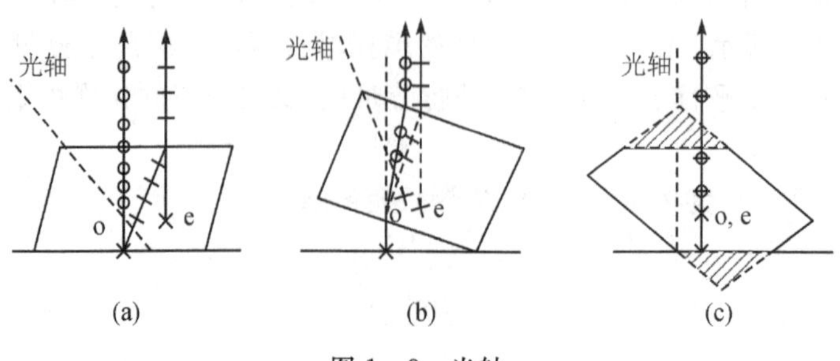

图 1-8 光轴

天然的各向异性晶体产生双折射现象，这是晶体固有的特性，这种双折射称为永久双折射。二色性晶体产生偏振光也是双折射现象，只不过 o 光被强烈吸收，只有 e 光从晶体射出。

布鲁斯特(D.Brewster)在 1816 年首先发现透明的玻璃在受外力作用时具有光学的双折射效应。这说明某些光学各向同性的透明介质，受外力作用后，在发生机械变形的同时，其光学特性也发生相应的变化，致使光透过时在不同的方向具有不同的传播速度，即其折射率发生了差异，变为光学的各向异性体，也即有了双折射特性。一旦解除这些外力的作用，这种双折射效应就随之消失，恢复透明体的各向同性的性质，这种现象称为暂时(人工)双折射。

当光线射入具有双折射效应的物体的某一点 O 时，该点的双折射特性将随着光的入射方位不同而异，其折射率的变化可用折射率椭球体来描述，如图 1－9 所示。一般来说，椭球体有三根长短不等的几何主轴(在几何学中常称为长轴、中轴和短轴)，它们也是该点折射率椭球体的光学主轴，这三根主轴的半径长度分别代表该点三个主折射率的大小，以 n_1、n_2 和 n_3 表示，并规定 $n_1 \geqslant n_2 \geqslant n_3$。当光线沿任意方向 γ 射向 O 点时，其对应的折射率变化规律，可由过 O 点并垂直于入射方向的椭圆截面(凡过 O 点的截面都称为中心截面)的轴半径表示，显然，具有代表性的轴半径是该椭圆截面的长轴及短轴，其对应的折射率记为 n_1' 和 n_2'，它代表 O 点在 γ 方向入射光的双折射效应。换言之，入射光的双折射效应，可用分解了的两束沿该中心椭圆截面的长短轴方向振动的偏振光来讨论。由于 n_1' 和 n_2' 是该椭圆截面内的最大及最小折射率，但不是整个椭球体的最大及最小值，因此称它们为次主折射率。

如果这两个次主折射率彼此相等(即 $n_1'=n_2'$)，则该中心截面是个圆平面，那么当光沿此平面的法线入射时将不产生双折射，这个特殊法线方向在晶体光学中称为光轴。对于大多数晶体，其三个主折射率都不相等，在相应的折射率椭球体上，总可以找到这样两个中心圆截面，它们的法线与其中一根主轴对称，但这两个法线方向不一定互相垂直。所以，一般折射率椭球体有两根光轴，它们互不垂直，这类晶体称为双轴晶体(图 1－10)。而只有一根光轴的晶体则称为单轴晶体，它的三个主折射率中有两个彼此相等，于是另一个主折射率对应的主轴也就是光轴的方向了。如果 $n_2=n_3$，则椭球体为一长椭圆旋转体，称为正单轴晶体(图 1－11)；如果 $n_1=n_2$，则椭球体为扁椭圆旋转体，称为负单轴晶体。可以利用晶体的这些不同的双折射特性，制造各种光学仪器，例如各种双折射补偿器。

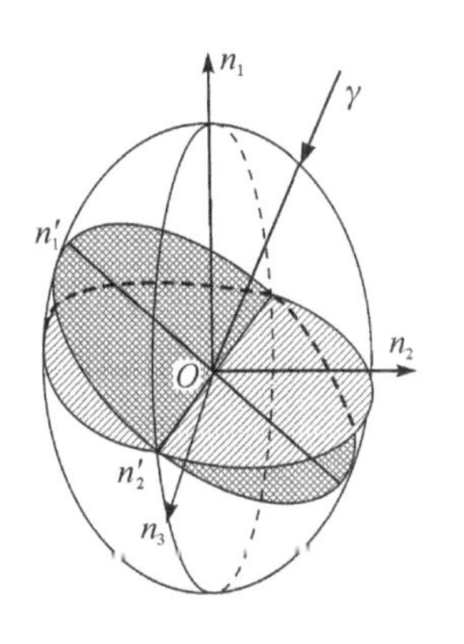

图 1－9　折射率椭球体

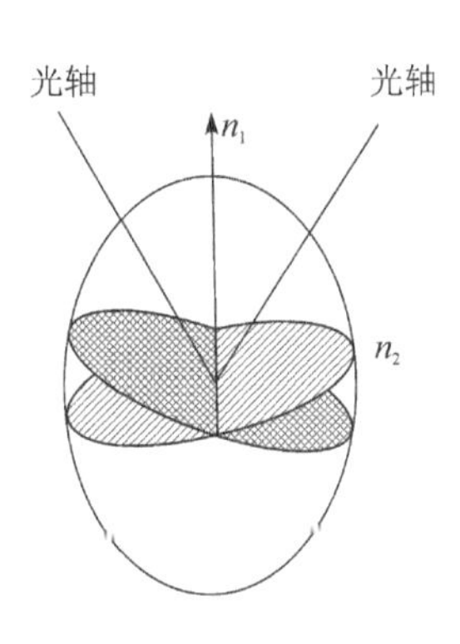

图 1－10　双轴晶体

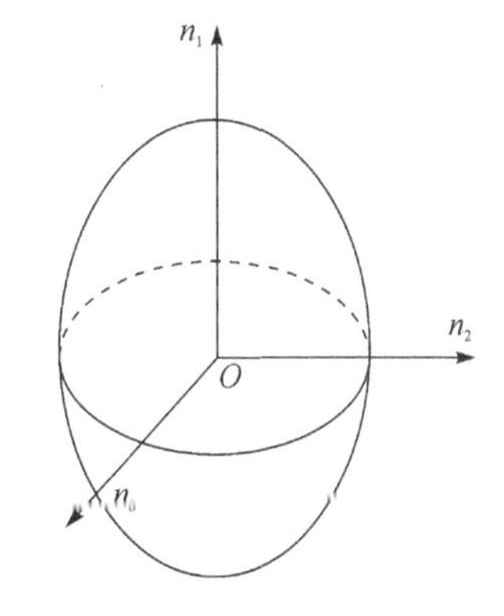

图 1－11　正单轴晶体

1.6 圆偏振光、四分之一波片

从一块双折射晶体上，平行于其光轴方向切出一片薄片，将一束平面偏振光垂直入射到这薄片上，光在进入晶体内部后，便分成两束平面偏振光，一束振动方向与光轴平行，为非寻常光 e；另一束振动方向与光轴垂直，为寻常光 o。前者的波面为椭球，后者为圆球，它们的波阵面 F_e 和 F_o 是平行的，并垂直于入射方向。因此，光在晶体内即使垂直于光轴方向传播，也会分成 e 光与 o 光。这两束光的传播速度不同，其中一束比另一束更快地通过晶体，如图 1-12 所示。

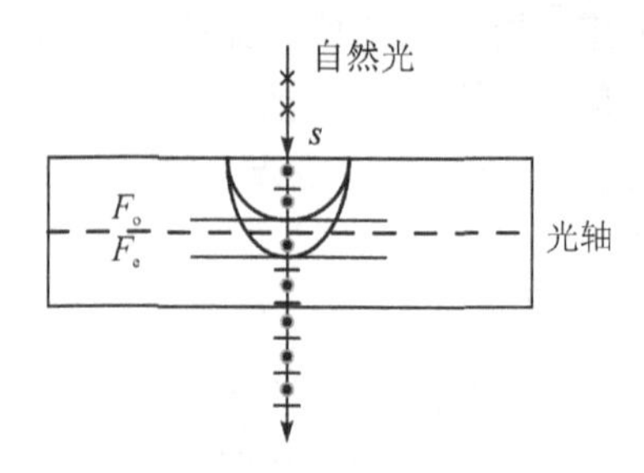

图 1-12　光在偏振片中的传播

这两束振动方向互相垂直的平面偏振光通过晶体后，其传播方向一致，频率相等，而振幅可以不等。可以用下面两公式表示：

$$u_1 = a_1 \sin\omega t \tag{1-14}$$

$$u_2 = a_2 \sin(\omega t + \varphi) \tag{1-15}$$

式中：φ 为两束光波的相位差。

将式(1-14)、式(1-15)两方程合并，消去时间 t，即得到光路上一点的合成光矢量末端的运动轨迹方程：

$$\frac{u_1^2}{a_1^2} + \frac{u_2^2}{a_2^2} - \frac{2u_1 u_2}{a_1 a_2}\cos\varphi = \sin^2\varphi \tag{1-16}$$

一般情况下式(1-16)是一个椭圆方程，如果 $a_1 = a_2 = a$，$\varphi = \pm\frac{\pi}{2}$，则式(1-16)变为圆的方程：

$$u_1^2 + u_2^2 = a^2 \tag{1-17}$$

光路上任一点合成光矢量末端轨迹符合此方程的偏振光称为圆偏振光。圆偏振光的传播如图 1-13 所示。

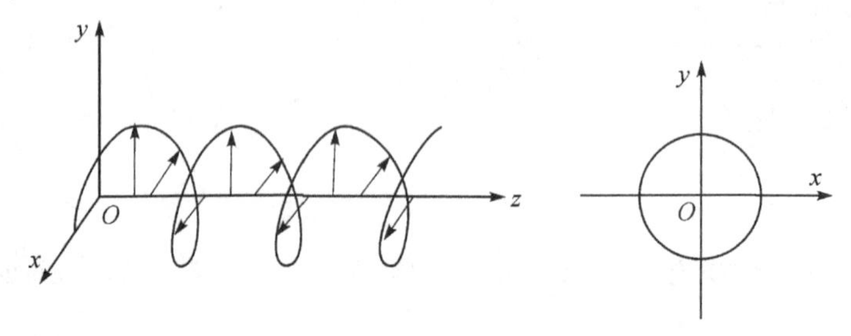

图 1-13　圆偏振光的传播

由上述分析可知，要产生圆偏振光，必须有两束振动平面互相垂直的平面偏振光，并且应具有下列条件：频率相同；振幅相等；相位差为$\frac{\pi}{2}$。如平面偏振光入射到具有双折射特性的薄片上时，将分解为振动方向互相垂直的两束平面偏振光。当使入射的平面偏振光的振动方向与这两束平面偏振光的方向各成45°时，则分解为两束振幅相等的平面偏振光(图1-14)。由于这两束光在波片中传播速度不同，通过波片后，就产生一个相位差。只要适当选择薄片的厚度，使相位差为$\frac{\pi}{2}$，就满足了组成圆偏振光的条件。由于相位差为$\frac{\pi}{2}$相当于光程差为波长的四分之一$\left(\frac{\lambda}{4}\right)$，故称此薄片为四分之一波片。

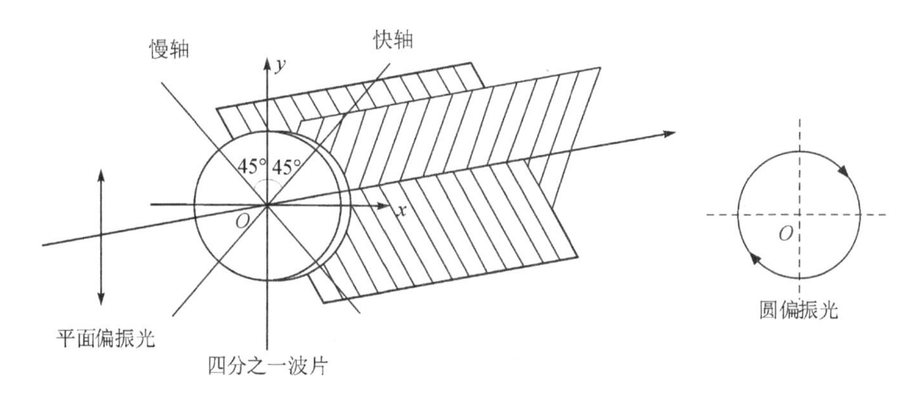

图1-14　圆偏振光的产生

平行于行进速度较快的那束偏振光振动平面的方向线称为快轴，与快轴垂直的方向线称为慢轴。

当四分之一波片的快(慢)轴与平面偏振光的振动平面的夹角不为45°或波片的厚度不能使入射光透出后产生四分之一波长的光程差时，将得到椭圆偏振光。

1.7　光波的干涉

两列或几列光波在空间某处相遇，相遇处的振动状态由这数列波的波动方程共同决定，这个现象称为光波的叠加。下面讨论同频率的两列光波的叠加，而且只讨论当它们振动方向一致时的情况。

如图1-15所示，设圆频率同为ω，振动方向都与S轴一致，而振幅分别为a_1和a_2的两列光波在P点相遇。设两列光波在P点的光波方程为

$$u_1=a_1\sin(\omega t+\varphi_1) \tag{1-18}$$

$$u_2=a_2\sin(\omega t+\varphi_2) \tag{1-19}$$

式中：φ_1和φ_2分别为两列光波的初相位。它的合成运动为

$$\begin{aligned}u&=u_1+u_2=a_1\sin(\omega t+\varphi_1)+a_2\sin(\omega t+\varphi_2)\\&=(a_1\cos\varphi_1+a_2\cos\varphi_2)\sin\omega t+(a_1\sin\varphi_1+a_2\sin\varphi_2)\cos\omega t\\&=a\sin(\omega t+\varphi)\end{aligned} \tag{1-20}$$

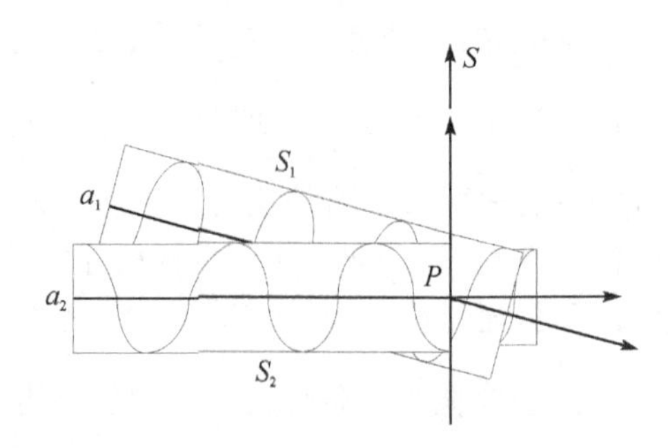

图 1-15 光的干涉

式中：φ 为合成光波的相位；a 为合成光波的振幅，可由下式给出

$$a=\sqrt{a_1^2+a_2^2+2a_1a_2\cos(\varphi_1-\varphi_2)} \tag{1-21}$$

合成光波的光强为

$$\begin{aligned} I &= Ka^2 \\ &= K[a_1^2+a_2^2+2a_1a_2\cos(\varphi_1-\varphi_2)] \end{aligned} \tag{1-22}$$

由此可见，合成光波的振幅（光强），不仅决定于两列光波的振幅，还和两列光波的相位差 $\Delta\varphi=\varphi_1-\varphi_2$ 有关。

当两列光波的相位差是 2π 的整数倍时，合成光波的振幅为 (a_1+a_2)，光强最大，称为相长干涉。当两列光波的相位差是 π 的奇数倍时，合成光波的振幅为 $|a_1-a_2|$，光强最小，称为相消干涉。如果 $|a_1-a_2|=0$，则两列光波的光强完全抵消，合成光波的振幅为零，即光强为零，黑暗无光。

对于频率相同、振动方向相同、相位差恒定的两列光波相遇时，使其明暗发生变化的情况，称为光的干涉现象。这种产生干涉现象的光波称为相干光。

习题

1.偏振光有什么特性？如何获得圆偏振光？

2.什么是人工双折射？

第2章　光弹性法基础

光弹性法是一种光学的应力测量方法。它是用光学灵敏性较好的材料，如环氧树脂和聚碳酸酯等塑性材料，制成与零构件几何形状相似的试件，放置在偏振光场中，施加与零构件相似的载荷，即可看到反映零构件受力情况的干涉条纹。通过对干涉条纹的分析求得试件内各点的应力，再根据相似理论换算得到零构件内的应力情况。光弹性法能显示全场应力，具有准确、可靠、经济、迅速、直观等特点，对局部应力的测量特别有效，已广泛应用于机械、航空、船舶、水利及土建等许多工程中。

2.1　光弹性仪

2.1.1　光弹性仪的结构

光弹性仪的类型较多，有透射式、反射式和全息光弹性仪。光弹性仪大致由光学部分、加载部分和支承部分组成。光学部分又分为光源系统、偏振光场测量系统和图像采集系统三个部分。这里首先介绍透射式光弹性仪。透射式光弹性仪包括平行光式光弹性仪和漫射式光弹性仪等。图 2-1 为某平行光式光弹性仪。

图 2-1　平行光式光弹性仪

图 2-2 给出了平行光式光弹性仪的光路图。平行光式光弹性仪一般由以下几部分组成：

(1)光源：白光灯、高压汞灯和钠光灯等。白光灯产生白光，由红、橙、黄、绿、青、蓝、紫各种色光组成，它们的波长由红色到紫色，处在 7600～4000 Å 的范围内。高压汞灯加滤色片，能获得纯绿的单色光，其波长为 5461 Å。钠光灯产生的单色光为黄光，其波长为 5893 Å。

(2)隔热元件：用来吸热，保护其后面的光学元件，可以由中空玻璃加吸热液体组成。

(3)光圈：调节光强。

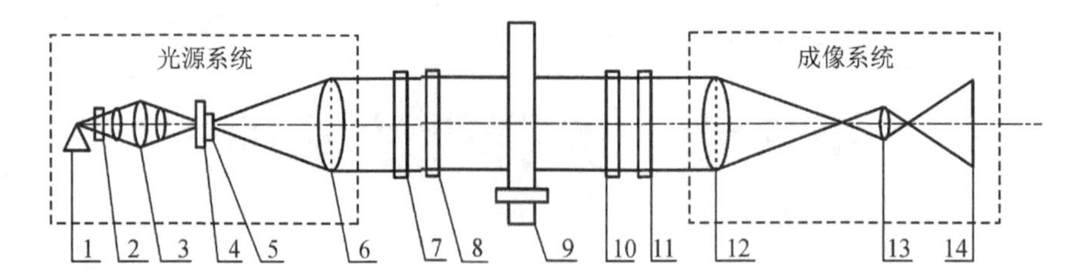

1—光源；2—隔热玻璃；3—聚光镜组；4—可变光；5—滤色镜；6,12—准直透镜；7—起偏镜；8,10—四分之一波片；9—加载架(模型)；11—检偏镜；13,14—成像组合(照相机)。

图 2-2　平行光式光弹性仪的光路图

(4)滤色镜：使光变为单色光。

(5)准直透镜：使光变为平行光，保证光线垂直通过模型。

(6)起偏镜与检偏镜：由偏振片制成。靠近光源的偏振片称为起偏镜，它把来自光源的自然光变为平面偏振光；靠近相机的一块偏振片称为检偏镜，用来检验光波通过的情况。当起偏镜与检偏镜的偏振轴互相垂直放置时称为正交平面偏振布置，此时，如果中间没有放置试验模型或模型应力为零时，则在检偏镜后观察到的光场为暗场；如果两偏振镜的偏振轴互相平行放置，则称为平行平面偏振布置，检偏镜后看到的光场为亮场。上述两种布置是光弹性实验时经常采用的光场布置。起偏镜与检偏镜有同步回转机构，能使其偏振轴同步旋转。

(7)四分之一波片：产生圆偏振光。第一块四分之一波片的快、慢轴与起偏镜偏振轴成45°角，从而把来自起偏镜的平面偏振光变为圆偏振光。通过这块波片快轴的光波较慢轴的领先四分之一波长的相位差。第二块四分之一波片的快轴和慢轴恰好与第一块四分之一波片的快、慢轴正交，因而可以抵消第一块四分之一波片所产生的相位差，将圆偏振光还原为自起偏镜发出的平面偏振光。此平面偏振光再经过检偏镜，如检偏镜的偏振轴与起偏镜的偏振轴相互垂直，则无光射出，呈现暗场，这种布置称为双正交圆偏振布置；如检偏镜的偏振轴与起偏镜的偏振轴平行，则得到亮场，称这种布置为平行圆偏振布置。

(8)加载架：使模型受力。工作台面能上下、左右移动，使模型处在光场之中。

(9)成像系统：照相机或投影屏，用于采集图像。改变照相机的位置可以改变像的大小。

平行光式光弹性仪精度较高，但测量视场受准直透镜的大小限制，不易测量较大模型的应力。为了解决这个问题，可以用毛玻璃代替价格昂贵的大视场准直透镜，这就形成了漫射式光弹性仪。其结构简图如图 2-3 所示。这种光弹性仪结构简单，光学元件少，价格便宜，光场不受透镜尺寸限制，通常用来作大尺寸模型的应力测量。

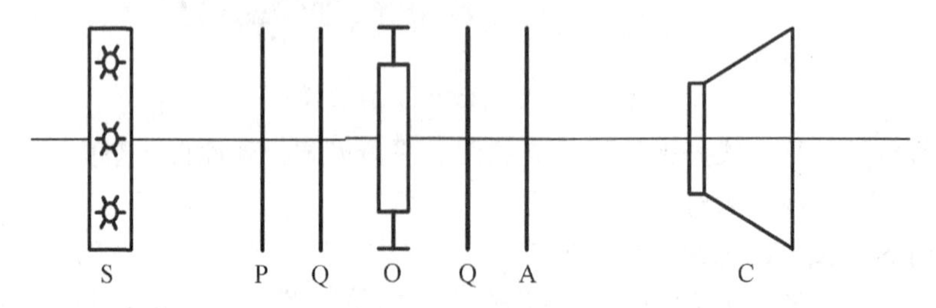

S—光源；P—起偏镜；Q—四分之一波片；O—模型；A—检偏镜；C—照相机。

图 2-3　漫射式光弹性仪

2.1.2　光弹性仪的调整与偏振布置

在使用光弹性仪之前，必须检查和调整各镜片的位置，以满足实验的要求。调整步骤如下：

(1)调整光源及各镜片和透镜的高度，使它们的中心线在同一条水平线上。

(2)平面偏振光场的调整：首先单独旋转起偏镜 P，使得起偏镜后的光场相对较亮，这时光源的自然光或偏振光变为特定偏振方向的平面偏振光，偏振方向和起偏镜的偏振轴平行。第二步，保持起偏镜不动，单独旋转检偏镜，使检偏镜后的光场最暗，表示起偏镜和检偏镜的偏振轴互成正交。然后，开启光源，将一个标准试件(圆盘模型)放在加载架上，使试件平面与光路垂直，施加铅垂方向的径向压力。同步旋转起偏镜及检偏镜，直至圆盘模型上出现正交黑十字形。这表明，两个镜片的偏振轴不但正交，而且一个偏振轴在水平位置，另一个在垂直位置，这样放置的偏振光场称为正交平面偏振布置。如图 2-4(a)所示，这就是光弹性实验中经常使用的暗场。当两镜的偏振轴平行时，起偏振产生的平面偏振光全部通过检偏镜，则为亮场，这样放置的偏振光场称为平行平面偏振布置，如图 2-4(b)所示。

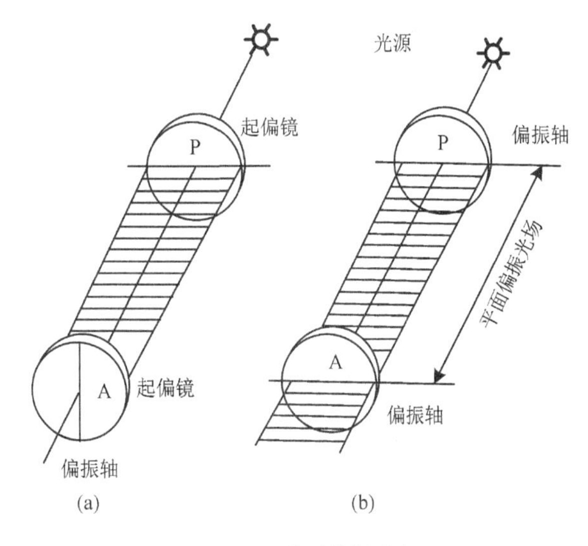

图 2-4　平面偏振光场

(3)圆偏振光场：在正交平面偏振光场放一对四分之一波片，并使第一个四分之一波片的快轴(或慢轴)与起偏镜的偏振轴成 45°夹角，如图 2-5 所示。这时到达四分之一波片的平面偏振光沿快慢轴方向分解成两束平面偏振光，光透过四分之一波片后，平行快轴的光波较慢轴的光波领先四分之一波长，使平面偏振光变成了圆偏振光。第二个四分之一波片的快轴与第一个四分之一波片的慢轴平行，其作用使圆偏振光恢复为平面偏振光，如图 2-5 所示，这种布置的光场为暗场，称为双正交圆偏振布置。将检偏镜单独旋转 90°，使得检偏镜的偏振轴和起偏镜的偏振轴平行，即可得到亮场布置，这种布置称为平行圆偏振布置。

(4)用照相机采集图像时需尽可能保证照相机的光轴与光场的光轴平行，以保证采集的条纹图不失真。

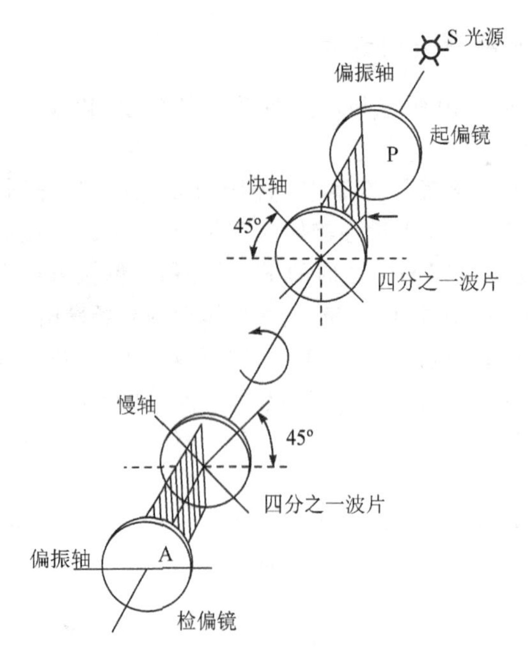

图 2－5 双正交圆偏振布置

2.1.3 光弹性仪的维护

(1)各透镜表面镀有增透膜,不得用手摸或擦拭。如有灰尘,可用吹气球吹除或用镜头笔刷轻轻拂去。

(2)准直透镜、偏振片、滤色片和视场镜表面上的污物可用滴上少许酒精或乙醚的脱脂棉擦去。

(3)四分之一波片表面用有机玻璃制成,能溶于多种有机溶剂,如有污物,应当用滴上少许汽油的脱脂棉轻轻擦去。

(4)光源开启后,应检查风扇是否正常工作。

(5)光学零件应注意防霉、防潮和防尘,避免含有酸、碱的蒸气侵蚀及防止过冷过热。实验室温度在 5～30 ℃范围内,相对湿度以不大于 70%为宜,室内应防尘,镜片长期不用时,应放置在干燥器内。

(6)高压汞灯和钠光灯开启后均需经过 5～10 min 预热后才能稳定到额定功率;关闭后须经 15 min 方可重新开启。

(7)对模型加载时,要正确平稳,防止模型弹出损坏镜片。

(8)光弹性仪的机械部分要注意保持润滑。

2.2　应力状态与光学定律

2.2.1　应力状态与次主应力

一般模型内任一点的应力状态可用六个应力分量 σ_x、σ_y、σ_z、τ_{xy}、τ_{yz} 和 τ_{zx} 表示(图 2－6)。如果光线沿某一方向例如 Oz 方向入射此点时，并不是所有六个应力分量都有光学效应，只有与光线垂直的 xOy 平面内的应力分量 σ_x、σ_y 和 τ_{xy} 有光学效应，根据这三个应力分量，通过图 2－7 的旋转，利用式(2－1)和式(2－2)求得一组次主应力(σ_1'，σ_2')和对应的次主应力方向角 θ' 为

$$\begin{cases}\sigma_1' = \dfrac{\sigma_x + \sigma_y}{2} + \sqrt{(\sigma_x - \sigma_y)^2 + 4\tau_{xy}^2} \\ \sigma_2' = \dfrac{\sigma_x + \sigma_y}{2} - \sqrt{(\sigma_x - \sigma_y)^2 + 4\tau_{xy}^2}\end{cases} \tag{2-1}$$

$$\tan 2\theta' = \frac{2\tau_{xy}}{\sigma_x - \sigma_y}$$

$$\theta' = \frac{1}{2}\arctan\frac{2\tau_{xy}}{\sigma_x - \sigma_y} \tag{2-2}$$

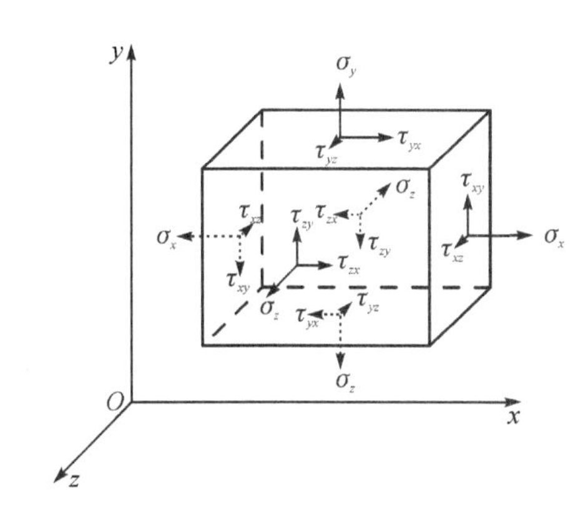

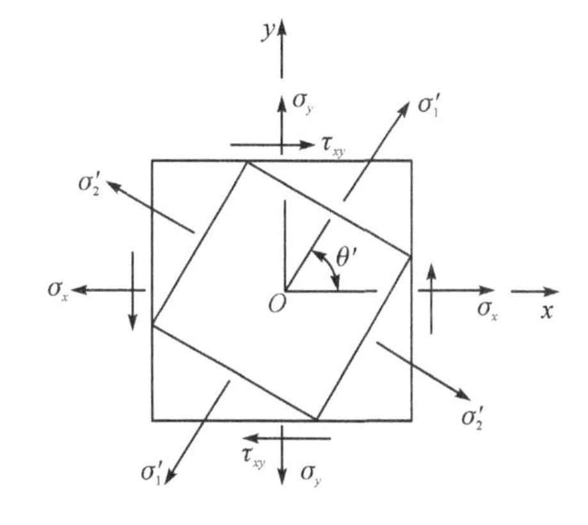

图 2－6　三维结构中任一点的应力状态

图 2－7　次主应力

可以看出，这组次主应力和光线入射方向有关，它们是和这个光线入射方向垂直的平面内的最大和最小正应力，与光线入射方向平行的其它应力分量 σ_z、τ_{yz} 和 τ_{zx} 无关。由于切片平面并不一定是主平面，因此次主应力并不一定是主应力，所以称 σ_1' 和 σ_2' 为这个平面内的次主应力。

若光线沿 Oy 或 Ox 轴入射，则相应的次主应力由 σ_x、σ_z 和 τ_{zx} 或 σ_y、σ_z 和 τ_{yz} 来确定。

当光线照射方向改变时，对应的次主应力大小和方向也相应改变，因而次主应力随光线入射方向的改变可以有无数组。而任一点真正的主应力大小和方向一般只有一组，它唯一地决定于模型形状及载荷情况，不随光线入射方向的改变而变化。次主应力的概念在三维光弹性实验和散射光弹性实验中都要用到。

当 $\sigma_x = \sigma_y$ 和 $\tau_{xy} = 0$ 时，由式(2－1)和式(2－2)可以得到 $\sigma_1' = \sigma_2'$，且(次)主应力方向为任

意方向。也就是说该点在垂直于光线入射方向的平面内，任意方向都可以成为（次）主应力方向，且各个方向的（次）主应力都相等，这个点称作在这个平面内的（次）主应力各向同性点。

由此可以看出，一般情况下，受力物体内部任意一点，在垂直于入射光线的平面内至少可以找到一组（次）主应力。在这个平面内的各向同性点，可以有无数组相互垂直的（次）主应力。

对于平面应力状态，由于σ_z、τ_{yz}和τ_{zx}都为零，只有σ_x、σ_y和τ_{xy}分量，所以由式(2-1)和式(2-2)求得的应力和方向即为对应单元的主应力和主应力方向。

2.2.2 应力光学定律

光弹性模型材料在承受外力之前，呈现各向同性性质，光波在其中每个方向的传播速度都是相同的。如在外力作用下产生了应力，该材料就变为光学各向异性，当光入射到这样的光学各向异性体上，就发生双折射效应。该效应可以用图1-9所示的折射率椭球来表示各向异性体任一点的双折射性质。实验证明，光弹性模型中某点折射率椭球的三个光学主轴与该点的三个主应力方向重合，主折射率大小与主应力之间存在线性关系：

$$\begin{cases} n_1 - n_0 = A\sigma_1 + B(\sigma_2 + \sigma_3) \\ n_2 - n_0 = A\sigma_2 + B(\sigma_3 + \sigma_1) \\ n_3 - n_0 = A\sigma_3 + B(\sigma_1 + \sigma_2) \end{cases} \tag{2-3}$$

式中：n_0为模型材料无应力时的折射率；A和B为材料的绝对应力光学系数。

对于平面应力状态，只有两个主应力，第三个方向的主应力为零。如果假定$\sigma_3=0$，则式(2-3)可以变为

$$\begin{cases} n_1 - n_0 = A\sigma_1 + B\sigma_2 \\ n_2 - n_0 = A\sigma_2 + B\sigma_1 \end{cases} \tag{2-4}$$

对于三维应力状态，可以推出：

$$\begin{cases} n_1' - n_0 = A\sigma_1' + B(\sigma_2' + \sigma_\gamma) \\ n_2' - n_0 = A\sigma_2' + B(\sigma_1' + \sigma_\gamma) \end{cases} \tag{2-5}$$

式中：n_1'和n_2'为根据折射率椭球求得的（次）主折射率（即垂直于入射光γ方向的椭圆的长短轴半径），σ_1'和σ_2'为根据式(2-1)求得的垂直于入射光γ方向平面的（次）主应力，σ_γ为垂直于入射光γ方向平面的法向应力。

根据式(2-4)和式(2-5)可以得到

对于平面应力：

$$n_1 - n_2 = C(\sigma_1 - \sigma_2) \tag{2-6}$$

对于三维应力：

$$n_1' - n_2' = C(\sigma_1' - \sigma_2') \tag{2-7}$$

式中：$C=A-B$，称为材料的应力光学系数。

由此可以看出，不管是平面应力状态还是三维应力状态，垂直于入射光方向的（次）主折射率与相应的（次）主应力差成正比。

下面我们主要根据平面应力状态来考虑光程差和主应力差的关系。

当平面偏振光垂直入射厚度为h的平面应力模型时，由于模型具有暂时双折射现象，光波沿模型上射入点的两个（次）主应力σ_1和σ_2方向分解成两束平面偏振光。这两束平面偏振光在模型内部的传播速度v_1和v_2不同，因此它们通过模型的时间也不同，分别为$t_1=h/v_1$和

$t_2=h/v_2$。当这两束偏振光中的较慢的一束刚从模型中出来时，较快的一束偏振光已经在模型外的空气介质中前进了一段距离 Δ，即

$$\Delta=v(t_1-t_2)=v\left(\frac{h}{v_1}-\frac{h}{v_2}\right)=h\left(\frac{v}{v_1}-\frac{v}{v_2}\right)=h\left(\frac{c}{v_1}-\frac{c}{v_2}\right)\frac{v}{c} \tag{2-8}$$

由于$\frac{c}{v_1}=n_1$ 和$\frac{c}{v_2}=n_2$，$\frac{v}{c}\approx 1$，代入式(2-8)可以得出

$$\Delta=h(n_1-n_2)=Ch(\sigma_1-\sigma_2) \tag{2-9}$$

这就是平面光弹性试验的平面应力光学定律，即当模型厚度一定时，任意一点的光程差与该点的主应力差成正比。

同理可得三维应力状态的光学定律公式。由于三维应力情况下入射光行进方向的次主应力差和方向都有可能发生变化，所以只能用微分形式表示：

$$\frac{\mathrm{d}\Delta}{\mathrm{d}h}=C(\sigma_1'-\sigma_2') \tag{2-10}$$

即任意一点的光程差的变化率和这一点垂直于光线方向的平面内的次主应力差成正比。

2.3 平面偏振布置中的光弹性效应

光弹性法是利用光弹性仪测定光程差的大小，然后根据应力-光学定律确定主应力差。先讨论利用正交平面偏振布置进行测量的情况。如图 2-8 所示，用符号 P 和 A 分别代表起偏镜和检偏镜的偏振轴。把受平面应力的模型放在两镜片之间，光线垂直通过模型，设模型上 O 点的主应力与起偏镜偏振轴的夹角为 ψ(图 2-9)。光线通过起偏镜后成为偏振面平行于 P 的偏振光。

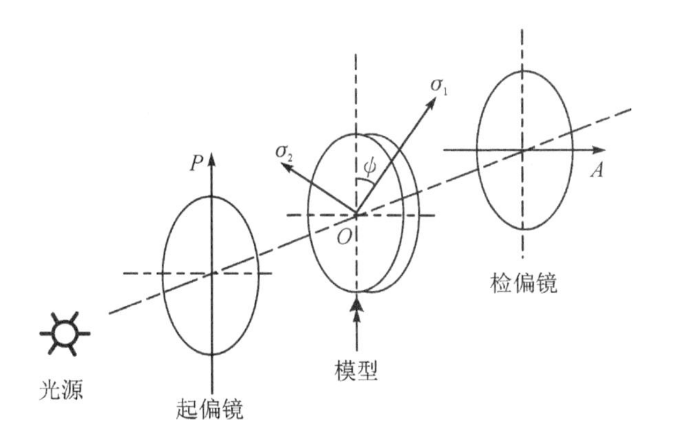

图 2-8 正交平面偏振布置

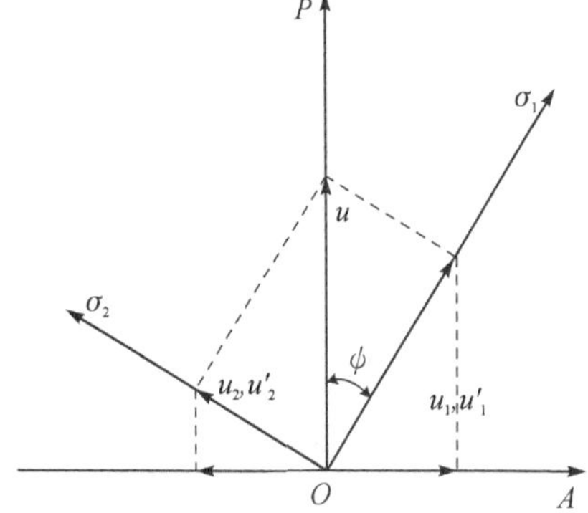

图 2-9 主应力与偏振轴的相对位置

为了简单起见，且不失一般性，假设通过起偏镜到达试件表面点 O 的平面偏振光为

$$u=a\sin\omega t$$

由于模型的暂时双折射现象，光线进入模型前可以沿主应力方向分解为两束平面偏振光。

沿 σ_1 方向：

$$u_1=a\sin\omega t\cos\psi$$

沿 σ_2 方向：

$$u_2 = a\sin\omega t\sin\psi$$

一般情况下，模型内的两个主应力大小不同，这两束偏振光进入到模型内的传播速度不同。设通过模型后，两束偏振光的光程差为Δ，对应的相位差为δ，则通过模型后的偏振光分别为

沿σ_1方向：

$$u'_1 = a\sin(\omega t + \delta)\cos\psi$$

沿σ_2方向：

$$u'_2 = a\sin\omega t\sin\psi$$

由于到达检偏镜后，垂直于检偏镜偏振轴OA的偏振光不能通过检偏镜，只有平行于OA的偏振光才能通过检偏镜，故需要将u'_1和u'_2对应的平行于OA的偏振光分量叠加。叠加后的光波可以通过检偏镜，对应的光波方程可表示为

$$u_3 = u'_1\sin\psi - u'_2\cos\psi$$

代入后简化可得

$$u_3 = a\sin2\psi\sin\frac{\delta}{2}\cos\left(\omega t + \frac{\delta}{2}\right) \tag{2-11}$$

通过检偏镜后的偏振光的光强为

$$I = K\left(a\sin2\psi\sin\frac{\delta}{2}\right)^2 \tag{2-12}$$

将$\delta = \frac{2\pi\Delta}{\lambda}$代入式(2-12)，故用光程差表示的光强为

$$I = K\left(a\sin2\psi\sin\frac{\pi\Delta}{\lambda}\right)^2 \tag{2-13}$$

式中：K为常数。此式说明，光的强度与光程差有关，还与主应力方向和起偏镜光轴之间的夹角ψ有关。现在研究光的强度$I=0$的情况，即从检偏镜后面看到模型上的该点是黑暗的情况。

使$I=0$的第一种情况是$\sin2\psi=0$，即$\psi=0$或$\psi=\pi/2$。由图2-9可以看出，$\psi=0$或$\psi=\pi/2$，表示该点第一主应力或第二主应力方向与起偏镜或检偏镜偏振轴方向重合。

图2-10中的σ_1和σ_2分别和检偏镜A和起偏镜P平行。由图2-10可以看出，图中模型的入射平面偏振光的偏振方向和σ_2方向平行，入射平面偏振光在σ_1方向没有分量。偏振光通过模型后没有偏转，其偏振方向仍然平行于P。由于偏振光的偏振方向和检偏镜的偏振轴垂直，无法通过检偏镜，检偏镜后看不到光线。

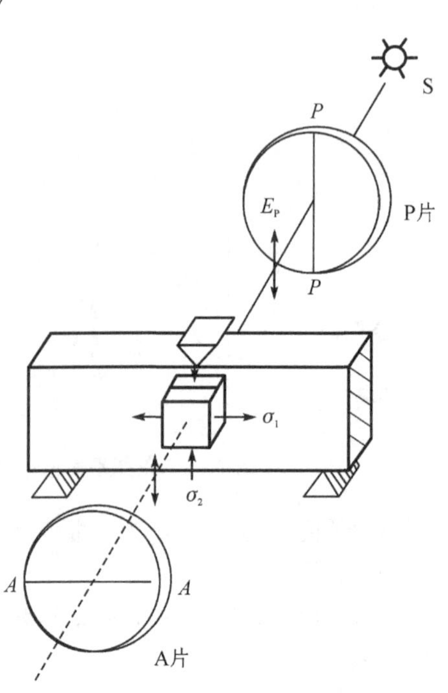

图2-10　主应力方向和偏振轴方向平行

很明显，只要模型上某点的主应力方向与偏振轴平行(或垂直)，屏幕上相应的点为黑点。一般模型内存在一系列这样的点，它们的主应力方向都与此时偏

振轴重合(或垂直),则这一系列点构成一条黑线,这条黑线上每点的主应力方向相同,故称为等倾线。

一般来说,模型平面内各点主应力方向是不同的,而且是连续变化的。若同步转动起偏镜和检偏镜并使它们始终保持正交,那么等倾线将连续地移动,对于起偏镜和检偏镜每一个不同转角,可以得到一组相应的等倾线,等倾线上各点的主应力方向即为两偏振片同步转动的角度。正交偏振片位于0°时出现的黑色条纹称为0°等倾线。正交偏振片同步转动 θ 角时,出现的是 θ 角等倾线。依次同步转动两正交偏振片,就可以得到不同角度的一系列等倾线。倾角 θ 是度量等倾线的参数,称为等倾线角度。

使 $I=0$ 的第二种情况是 $\sin\frac{\pi\Delta}{\lambda}=0$,满足这个条件只能是 $\frac{\pi\Delta}{\lambda}=N\pi$,即 $\Delta=N\lambda$,$N=0, 1, 2,\cdots$。就是说,当一点的光程差等于入射光波长的整数倍时,正交平面偏振光场的投影屏幕上将呈现黑点。一般情况下,模型内各点的应力是不同的,产生的光程差也不同,但由于应力是连续分布的,总存在着光程差相同的点,它们汇成一条连续的曲线。当某条曲线的光程差为波长的整数倍时,就呈现干涉条纹,这些条纹称为等差线。在一般情况下,应力模型中同时呈现出 $N=0, 1, 2,\cdots,N$ 的干涉条纹。为区分将对应于 $N=0$ 的等差线称作零级等差线,将 $N=1$ 的等差线称为1级等差线……,将对应于 N 个波长的等差线称为 N 级等差线。N 称为等差线级数。

图2-11给出了对径受压圆盘的等差线和0°等倾线图。

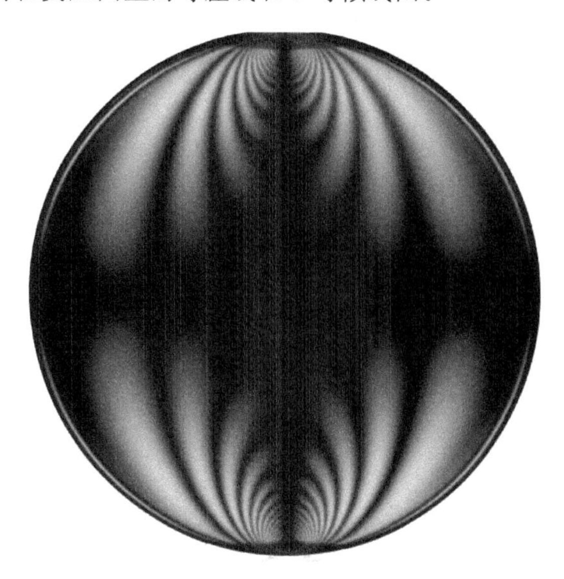

图2-11　对径受压圆盘的等差线和0°等倾线

结合应力光学定律,当模型中的主应力差($\sigma_1-\sigma_2$)产生的光程差为波长的整数倍时(式(2-14)),即发生消光,出现一系列对应不同 N 值的条纹。不同条纹上的点有不同的主应力差,同一条纹上各点有相同的主应力差。

$$\Delta=Ch(\sigma_1-\sigma_2)=N\lambda \quad (N=0,1,2,\cdots) \tag{2-14}$$

由此可以看出:从光学上讲,等差线表示模型内光程差相等的点所组成的轨迹。从力学上讲,等差线表示模型内主应力差相等的点所组成的轨迹。

N 级等差线上的主应力差值可以由式(2-14)得到：

$$(\sigma_1-\sigma_2)=\frac{\lambda}{C}\frac{N}{h} \tag{2-15}$$

令

$$f=\frac{\lambda}{C} \tag{2-16}$$

式中：f 为光源和材料有关的常数，称为材料条纹值，N/m。材料条纹值 f 的物理意义是对应于一定波长的光源，当模型厚度为单位厚度时，产生一级条纹所需要的主应力差值。由此可得

$$\sigma_1-\sigma_2=\frac{Nf}{h} \tag{2-17}$$

该式表明，主应力差和条纹级数成正比，和模型厚度成反比。

2.4 圆偏振布置中的光弹性效应

应力模型在平面偏振光场中等差线和等倾线同时出现。如图 2-11 所示，两种条纹同时出现，互相干扰。而且，等倾线一般比较弥散，条纹粗宽，使等差线模糊不清。所以，一般设法将等倾线消除后绘制等差线。方法之一是将起偏镜及检偏镜同步快速旋转，使等倾线快速"扫描"式运动，这样，由于人视觉的惰性就觉察不出它的存在了。这是消除等倾线的一种机械方法，它的缺点是同步机构复杂，噪声大。另一种方法是光学方法，即用圆偏振光场测得等差线，这种方法结构简单、使用方便。在光弹性实验中经常采用双正交的圆偏振布置消除等倾线。图 2-12 为双正交圆偏振布置的光路图。

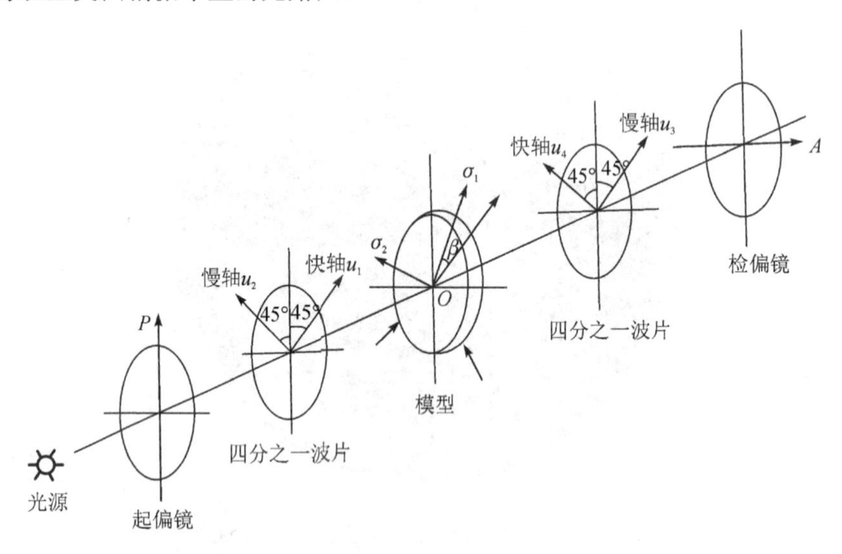

图 2-12　双正交圆偏振布置

设通过起偏镜后的平面偏振光的光波为

$$u=a\sin\omega t$$

到达第一块四分之一波片后，沿四分之一波片的快轴、慢轴分解成两束平面偏振光：

$$u_1=a\sin\omega t\cos45^\circ$$

$$u_2=a\sin\omega t\sin45^\circ$$

通过四分之一波片后，快轴方向的光波 u_1 相对慢轴方向的光波 u_2 产生相位差 $\pi/2$，分别转换为 u_1' 和 u_2'：

$$u_1' = \frac{\sqrt{2}}{2} a \cos\omega t$$

$$u_2' = \frac{\sqrt{2}}{2} a \sin\omega t$$

这两束光合成后即为圆偏振光。设处于此圆偏振布置中的受力模型上 O 点的主应力 σ_1 的方向与第一块四分之一波片的快轴成 β 角。当圆偏振光到达模型上的 O 点时，又沿主应力 σ_1 和 σ_2 方向分解为两束光波。模型中应力主轴与双正交圆偏振布置中各镜偏振轴的相对位置如图 2-13 所示。

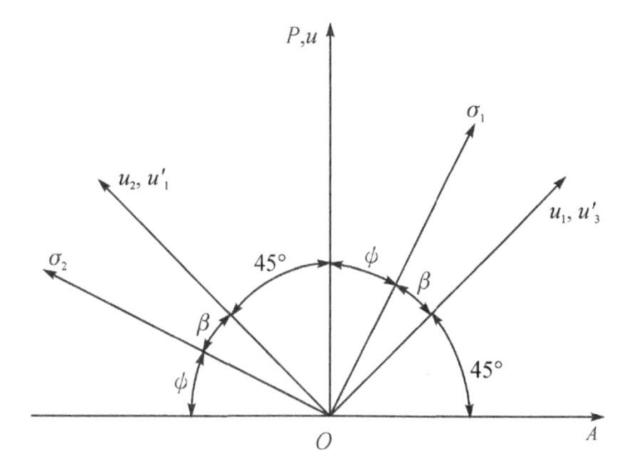

图 2-13　模型中应力主轴与双正交圆偏振布置中各镜偏振轴的相对位置

沿 σ_1 方向振动的光波为

$$u_{\sigma_1} = u_1' \cos\beta + u_2' \sin\beta = \frac{\sqrt{2}}{2} a \cos(\omega t - \beta)$$

沿 σ_2 方向振动的光波为

$$u_{\sigma_2} = u_2' \cos\beta - u_1' \sin\beta = \frac{\sqrt{2}}{2} a \sin(\omega t - \beta)$$

通过模型后，u_{σ_1} 偏振光相对 u_{σ_2} 产生光程差 Δ，对应的相位差为 δ，则通过模型后的偏振光分别为

$$u_{\sigma_1}' = \frac{\sqrt{2}}{2} a \cos(\omega t - \beta + \delta)$$

$$u_{\sigma_2}' = \frac{\sqrt{2}}{2} a \sin(\omega t - \beta)$$

到达第二块四分之一波片时，光波又沿此波片的快轴、慢轴分解为

$$u_3 = u_{\sigma_1}' \cos\beta - u_{\sigma_2}' \sin\beta = \frac{\sqrt{2}}{2} a [\cos(\omega t - \beta + \delta)\cos\beta - \sin(\omega t - \beta)\sin\beta]$$

$$u_4 = u_{\sigma_1}' \sin\beta + u_{\sigma_2}' \cos\beta = \frac{\sqrt{2}}{2} a [\cos(\omega t - \beta + \delta)\sin\beta + \sin(\omega t - \beta)\cos\beta]$$

通过第二块四分之一波片，注意到相对第一块四分之一波片快慢轴转换，可得

$$u_3'=\frac{\sqrt{2}}{2}a\left[\cos(\omega t-\beta+\delta)\cos\beta-\sin(\omega t-\beta)\sin\beta\right]$$

$$u_4'=\frac{\sqrt{2}}{2}a\left[\cos(\omega t-\beta)\cos\beta-\sin(\omega t-\beta+\delta)\sin\beta\right]$$

通过检偏镜后，光波为

$$u_5=\frac{\sqrt{2}}{2}(u_3'-u_4')$$

将 $\beta=45°-\psi$ 代入，整理可得

$$u_5=a\sin\frac{\delta}{2}\cos(\omega t+2\psi+\frac{\delta}{2}) \tag{2-18}$$

由此可得，双正交圆偏振光场布置中，通过检偏镜后的偏振光的光强为

$$I=K\left(a\sin\frac{\delta}{2}\right)^2 \tag{2-19}$$

用光程差表示的光强方程为

$$I=K\left(a\sin\frac{\pi\Delta}{\lambda}\right)^2 \tag{2-20}$$

由式(2-20)可以看出，双正交圆偏振光场布置中，光强仅与光程差有关，与主应力方向没有关系，这就消除了等倾线对等差线的干扰。对比式(2-20)和式(2-13)可以发现，正交平偏振光场布置和双正交圆偏振光场布置中的等差线特性完全相同。即只要 $\sin\frac{\pi\Delta}{\lambda}=0$，即光程差满足式(2-21)时可以使得光强为零。

$$\Delta=N\lambda,\quad N=0,1,2,\cdots \tag{2-21}$$

双正交圆偏振布置光场中，消光条件同样可以用式(2-14)至式(2-17)描述。黑色条纹对应的条纹为整数级。图2-14给出了对径受压圆盘的等差线图。

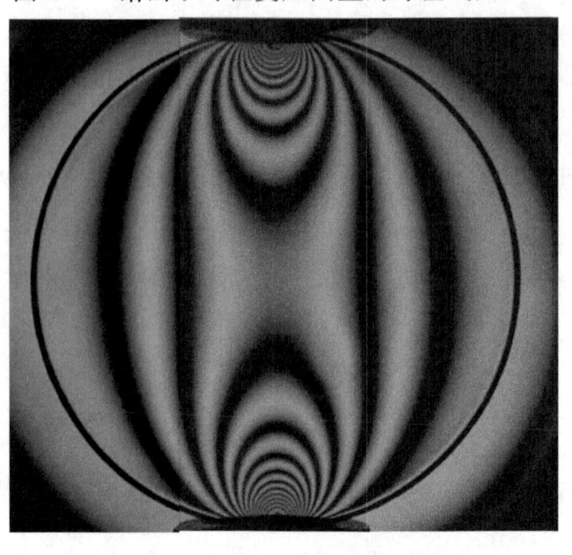

图 2-14　对径受压圆盘的等差线图

如果将检偏镜偏振轴旋转 90°,使之与起偏镜偏振轴平行,而四分之一波片的快轴、慢轴仍与图 2-12 一样布置,即得平行圆偏振布置(亮场)。用同样的方法可以得到光线通过检偏镜后的光波方程：

$$u_5 = a\cos\frac{\delta}{2}\sin(\omega t + 2\psi + \frac{\delta}{2}) \tag{2-22}$$

平行圆偏振光场布置时的光强方程为

$$I = K\ (a\cos\frac{\delta}{2})^2 \tag{2-23}$$

用光程差表示的亮场布置时光强方程为

$$I = K\ (a\cos\frac{\pi\Delta}{\lambda})^2 \tag{2-24}$$

和暗场布置不同,使得光强 $I=0$ 的条件是 $\cos\frac{\pi\Delta}{\lambda}=0$,即

$$\Delta = (N + \frac{1}{2})\lambda,\quad N = 0,\ 1,\ 2,\cdots \tag{2-25}$$

对比式(2-21)和式(2-25)可以看出,在双正交圆偏振布置中,发生消光(即 $I=0$) 的条件为光程差 Δ 为波长的整数倍,故产生的黑色等差线为整数级,即分别为 0 级、1 级、2 级……。而平行圆偏振布置发生消光的条件为光程差 Δ 为半波长的奇数倍,故产生的黑色等差线为半数级,即分别为 0.5 级、1.5 级、2.5 级……。

图 2-15 是对径受压圆盘的等差线图。图 2-15(a)是在双正交圆偏振布置得到的,是暗场等差线图,黑色条纹对应的为整数级条纹。图 2-15(b)是在平行圆偏振布置时给出的,是亮场等差线图,黑色条纹对应的为半数级条纹,白色条纹对应的为整数级条纹。

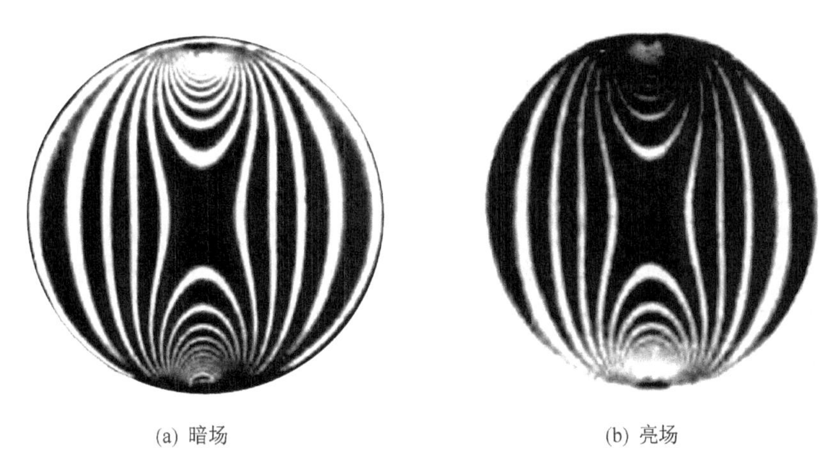

(a) 暗场　　(b) 亮场

图 2-15　对径受压圆盘的等差线图

2.5　白光入射时的等差线(等色线)

白光由红、橙、黄、绿、青、蓝、紫七种主色组成,每种色光对应一定的波长。如果光中有某一色光的消光,则呈现的就是它的互补色光。

根据光弹性实验的原理，如果采用白光入射，当模型中某点的光程差等于某一种色光波长的整倍数时，则该色光将被消除，与该色光对应的互补色光就呈现出来。因此，凡光程差数值相同的点，就形成了同一种颜色的条纹。这种颜色的条纹称为等色线。

在模型上光程差 $\Delta=0$ 的点，各种波长的色光均被消除，呈现为黑点或条纹，对应零级条纹。当光程差逐渐加大时，首先被消光的是波长最短的紫光，然后依蓝、青、绿……的次序消光，与这些色光对应的互补色(黄、红、蓝、绿)就依次呈现出来。当光程差继续增大时，消光进入第二个循环，第三个循环，……。表 2-1 给出了主应力差不断增大过程中各干涉等色线的变化顺序。

表 2-1　干涉色表

组成色	合成色	相对光程差 Å
白-紫 1	淡黄	～3500
白-蓝 1	橙黄	～4600
白-绿 1	红	～5200
白-黄 1	绀紫色	～5800
白-橙 1	深蓝	～6200
白-红 1	青	～7000
白-红 1 紫 2	草黄	～8000
白-蓝 2	橙黄	～9400
白-绿 2	红	～10500
白-黄 2	绀紫色	～11500
白-红 2 紫 3	绿	～13500
白-深红 2 蓝 3	草黄	～14500
白-绿 3	粉红	～15500
白-黄 3 紫 4	草绿	～18000

由表 2-1 可以看出，随着光程差的增加，会有几种波长的光波同时被消光。因此所得到的条纹颜色随循环次数的增大而变淡。用白光观察等差线时，一、二级等差线条纹主要由黄、红、蓝、绿四种颜色组成，三、四级条纹主要由粉红和淡绿两种颜色组成，四级以上条纹就由很淡的红色和黄绿色组成，而且实际上已不易辨认了。因此当 $N>5$ 时，通常采用单色光光源，可以得到清晰的等差线条纹图。

用白光描绘等差线时，常以红、蓝交界的过渡颜色(绀色)作为条纹级数的分划线，在三、四级以上则以粉红及淡绿交界的过渡颜色作为分划线。这个颜色光很灵敏，微小的应力变化就会使它变为红色或蓝色光。与绀色对应的互补色光是黄光，故绀色条纹的位置与单色光钠光(黄色)的干涉位置相对应。

可以看出，用白光光源进行光弹性试验时，只有光程为零时，即零级条纹为黑色条纹，其它条纹均为彩色条纹。因此可以利用这个特性确定零级条纹。

2.6　等差线条纹级数的确定

在双正交圆偏振布置中，受力模型呈现以暗场为背景的等差线图，条纹的级数为整数级，即对应的光程差为波长的整数倍，$N=0,1,2,3,\cdots$。根据应力场的连续性，条纹级数应该是连续的，因此只要确定了零级条纹，与其相邻的整数级条纹级数即可以给出。

$N=0$ 的点称为各向同性点，是模型上主应力差等于零(即 $\sigma_1=\sigma_2$ 或 $\sigma_1=\sigma_2=0$)的点，这些点的光程差 $\Delta=0$，因此对任何波长的光均发生消光而形成黑点，与此对应的条纹级数为零级。只要模型形状不变，载荷作用点及方向不变，这些黑点或黑线所在的位置不随外载荷大小的改变而变化。

零级条纹的判别方法如下。

2.6.1　采用白光光源确定零级条纹

对于零级条纹，因其光程差为零，对于任何波长的光均发生消光，形成黑条纹或点。而其它非零级条纹，其光程差不为零，均为彩色条纹。利用此特性，可以根据双正交圆偏振布置中白光光源下模型上出现的黑色条纹(点或线)，确定零级条纹。由于零级条纹的位置不会随载荷大小和光源波长大小而改变，由此确定的零级条纹可以适用于任何光源获得的光弹性条纹图。

2.6.2　根据力学知识确定零级条纹

(1)模型自由方角上，因 $\sigma_1=\sigma_2=0$，因而对应的条纹级数为零。图 2-16 中纯弯曲梁的四个方角处的黑色条纹均为零级条纹。

图 2-16　纯弯曲梁的等差线图

(2)拉应力和压应力的过渡处必有一个零级条纹。因应力分布具有连续性，在拉应力过渡到压应力之间，必存在应力为零的区域，其条纹级数 $N=0$。图 2-16 中纯弯曲梁上下表面之间的中性面的条纹即为零级条纹。

确定了零级条纹，其它条纹级数可根据应力分布的连续性依次数出。根据白光光源中不同色光的消光顺序可知，采用白光光源时，当颜色的变化为黄、红、蓝、绿，条纹级数是增加的，反之为级数减少的方向。由此可以确定条纹级数的递增方向(或递减方向)。当一个试件中存在多个零级条纹点时，可以互相验证条纹级数确定的正确性。

当等差线图上没有零级的黑点或黑线时，一般可以利用白光光源的颜色变化顺序鉴别条纹级数的增加或降低，判别条纹的相对级数。对于判别条纹的绝对级数，一般采用连续加载法。将模型连续加载，开始出现第一次彩色或单色光的暗带，是一级条纹，即 $N=1$。此后随着载荷不断增加，该位置会相继出现第二级、第三级等高级数条纹，初次出现的第一级条纹将向低应力区移动，以这些条纹级数为基础，即可判别其它条纹的级数。

在平行圆偏振布置(亮场)中，受力模型呈现的黑色等差线条纹级数为 $N=0.5, 1.5, 2.5, \cdots$。它们分别处在 0 级与 1 级、1 级与 2 级、2 级与 3 级……之间。也可以以白色条纹判断整数级条纹级数。

2.7　非整数级条纹的确定

前面介绍用正交圆偏振光场得到整数级条纹，用平行圆偏振光场得到半数级条纹。光弹性实验中往往需要测定模型边界应力或某一截面上的应力分布，一般被测点的位置的条纹级数不是整数级或半数级，这就要求测定任意非整数条纹。在应力条纹图中条纹比较密集的情况下，应用图解内插法或外延法，可近似求出相应点的非整数级条纹，但测量精度不高。下面介绍几种常用的测定方法。

2.7.1　光强测定法

由式(2-20)可以得出

$$N=\frac{\Delta}{\lambda}=\frac{1}{2\pi}\arccos\left(1-\frac{2I}{Ka^2}\right) \tag{2-26}$$

式中：I 为被测点位置的光强；Ka^2 为条纹图中最大光强。

由于条纹图中不可避免地会存在背景光强，因此用此方法时需要对条纹图进行预处理，将条纹图上的背景光强除去，并将光强归一化。图 2-17 给出了对径受压圆盘的等差线图和图中所示线段上对应的光强变化曲线。假设背景光强为 I_b，最大光强为 I_{max}，条纹图上任意一点的光强可以用下面的公式归一化：

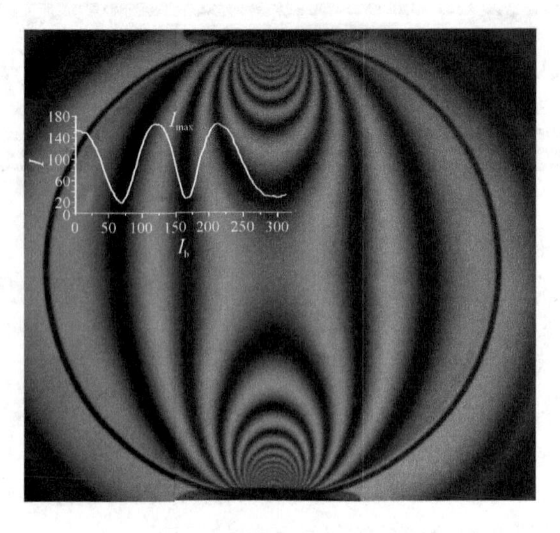

图 2-17　等差线及对应的光强变化

$$I_1=\frac{I-I_b}{I_{max}-I_b} \tag{2-27}$$

这样式(2-26)可以改写为

$$N=\frac{\Delta}{\lambda}=\frac{1}{2\pi}\arccos(1-2I_1) \tag{2-28}$$

可以看出,当 $I_1=0$ 时为整数级条纹,$I_1=1$ 时为半数级条纹。当 $0<I_1<1$ 时即可得到对应的非整数级条纹。由于余弦函数是周期函数,用这个方法确定非整数级条纹时需要以整数级条纹为基准进行计算。假定被测点附近的整数级条纹级数为 N_0,则该点的条纹级数为

$$N=N_0\pm\frac{1}{2\pi}\arccos(1-2I_1) \tag{2-29}$$

式中:$\arccos(1-2I_1)$在 $0\sim\pi$ 之间取值,当被测点位置的条纹级数低于 N_0时取减号,当被测点位置的条纹级数大于 N_0时取加号。

可以看到,该方法适用于全场非整数级条纹的确定。

将公式(2-28)改写,令$\frac{\Delta}{\lambda}=f(x)=a+bx+cx^2+dx^3+\cdots$,如图 2-17 所示,$x$ 为沿某截面的位置坐标,可得

$$I_1=\frac{1}{2}\{1-\cos[2\pi f(x)]\} \tag{2-30}$$

利用上式对图 2-17 的光强变化曲线拟合,即可以得到函数 $f(x)$的系数。由于余弦函数为周期函数,常数 a 需要根据某一已知条纹级数确定,其它系数可以由拟合获得。可以看出,函数 $f(x)$即为不同坐标位置的条纹级数。由此方法可以获得任意截面的条纹级数变化规律。

由于相机图像传感器对光强的感应一般不是线性的,如果要根据图片灰度值计算光强,使用式(2-26)之前必须首先对光强和灰度的关系进行标定,然后根据标定结果将灰度图像转换成光强数据图像。

2.7.2　旋转检偏镜法

该方法包括双波片法及单波片法两种。双波片法采用双正交圆偏振布置,两偏振片的偏振轴 OP 和 OA 分别与被测点的两个主应力方向相重合,如图 2-18 所示。单波片法是只用模型后的一块四分之一波片,两偏振片的偏振轴正交,与主应力方向成 45°,波片的快轴、慢轴与 OP 或 OA 平行,如图 2-19 所示。

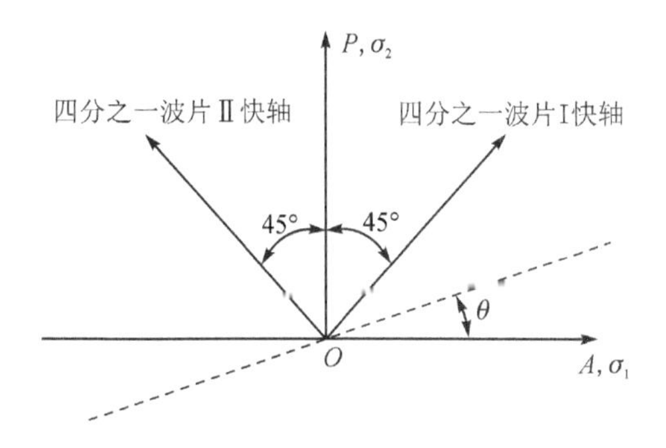

图 2-18　双波片法各主轴的相对位置

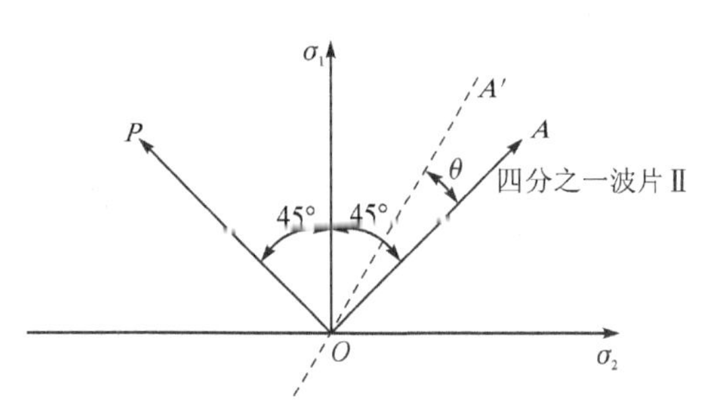

图 2-19　单波片法各轴的相对位置

1. 双波片法

对于图 2－18 所示的各镜片主轴位置，从起偏镜开始到检偏镜之前，用与 2.4 节同样的方法进行光学分析，最后再转动检偏镜 A，使被测点 O 成为黑点。此时，检偏镜的偏振轴转过了 θ 角而处于 A' 的位置，通过检偏镜后的偏振光光波为

$$u_5'=u_3'\cos(45°-\theta)-u_4'\cos(45°+\theta)$$

利用之前的公式，取 $\beta=45°$，代入上式可得

$$u_5'=a\sin\left(\theta+\frac{\delta}{2}\right)\cos\left(\omega t+\frac{\delta}{2}\right)$$

当 $\sin\left(\theta+\frac{\delta}{2}\right)=0$ 时，O 点成为黑点（即光强为零），这说明转动一定角度后，某级黑条纹将会移到 O 点，即

$$\theta+\frac{\delta}{2}=N\pi\ (N=0,1,2,\cdots)$$

将 $\delta=\frac{2\pi\Delta}{\lambda}$ 代入上式，并令 $m=\frac{\Delta}{\lambda}$，同时考虑到检偏镜的旋转方向不同，得

$$m=N\pm\frac{\theta}{\pi} \tag{2-31}$$

式中：N 为测点旁边的整数级条纹级数。旋转检偏镜时，当高一级的条纹级数移动到被测点时，取减号，当低一级的条纹级数移动到被测点时，取加号。θ 为被测点附近整数级条纹移动到被测点检偏镜转动的角度绝对值。

据此可得，双波片法的补偿步骤如下。

(1)求出被测点的主应力方向。以白光作光源，在正交平面偏振布置下，同步旋转起偏镜和检偏镜，直到某等倾线通过该点。根据该等倾线角度可确定被测点主应力的方向。

(2)加入波片，形成圆偏振布置。使起偏镜和检偏镜的偏振轴分别与该点的应力主轴重合，而四分之一波片与偏振轴的相对位置不变，成为双正交圆偏振布置。

(3)单独旋转检偏镜，可看到各条等差线均在移动。当被测点附近的整数级等差线 N 移动到被测点，记下检偏镜旋转的角度 θ。用式(2－31)即可得到被测点的等差线级数。如图 2－20 所示，当高一级的条纹级数移动到 O 点时，取减号；当低一级的条纹级数移动到 O 点时，取加号。

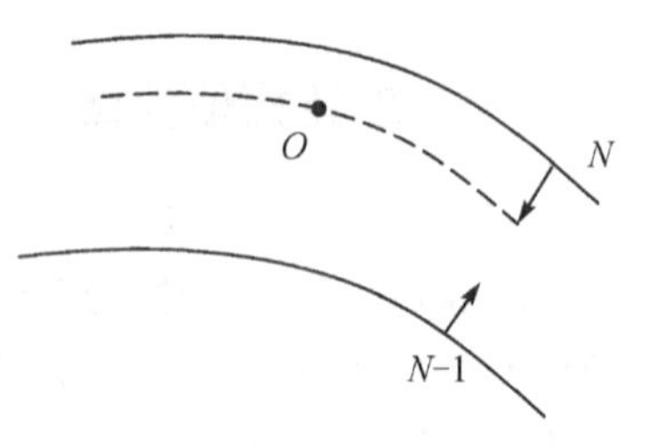

图 2－20　非整数级条纹的确定

用这种方法可以测得模型内任意一点的非整数级的条纹级数。方法虽显麻烦，但可以证明主应力方向与偏振轴不重合的误差不大，如主应力方向与偏振轴不重合偏差小于 20°时，由此方法得到的等差线的误差不超过 1/30 级，所以，当主应力方向变化不大时，可以只调整一次偏振轴方向，即可近似得到全场的非整数级条纹，这就扩大了方法的使用效能。

2. 单波片法

对于如图 2－19 所示各主轴的位置，与双波片法一样，也能导出与式(2－31)同样的结果。单波片法与双波片法的补偿步骤亦相同。先找出被测点的主方向，各镜片主轴按图 2－19 布置，单独转动检偏镜，使附近的整数级条纹移动到被测点 O，记下检偏镜转动的角度，即可按式

(2 - 31)计算出被测点的条纹级数。

2.7.3　巴比涅-索列尔补偿器法

图 2 - 21 是巴比涅-索列尔补偿器的示意图,它是由两个三角形楔块 A、B 和一个等厚度长方体 C 组成。A、B、C 均为石英晶体。A、B 的光轴方向与 C 的光轴方向相互正交。A、C 都固定在支架上,B 可以通过调节螺杆使其移动,因此可改变两三角形楔块 $A+B$ 的总厚度。开始测量前,首先调整 B 使得通过补偿器的光程差为零,此时两三角形楔块 $A+B$ 的总厚度与 C 的厚度相同。调节螺杆使 B 移动,两楔块 $A+B$ 的总厚度发生改变与 C 的厚度不等,此时两束偏振光产生光程差。该光程差可用来补偿模型中被测点所产生的光程差,因此可以用来确定被测点的条纹级数。

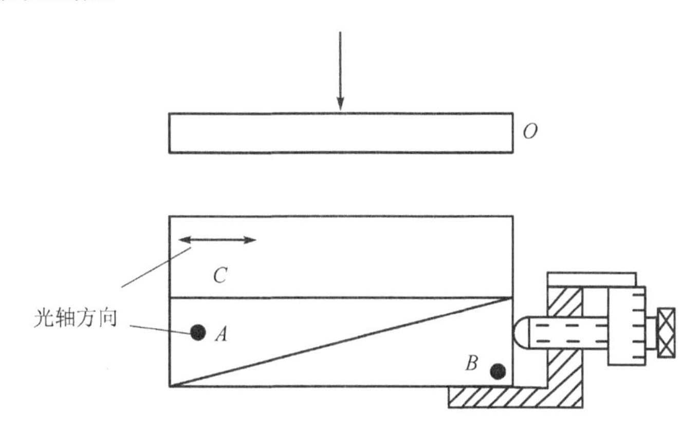

图 2 - 21　巴比涅-索列尔补偿器原理图

按此原理,其补偿步骤如下。

(1)在补偿前,在选定的光源下测定巴比涅-索列尔补偿器产生一级条纹时,B 所移动的距离 S。

(2)找出被测点的主应力方向。

(3)使巴比涅-索列尔补偿器的光轴方向与被测点的主应力方向重合,使光线垂直通过补偿器及模型。

(4)调节补偿器上的螺杆,使 B 移动,直到被测点附近的整数级条纹移动到被测点,记下 B 移动的距离 S'。则被测点的条纹级数 m 为

$$m = N \pm \frac{S'}{S} \tag{2 - 32}$$

当高一级的条纹级数移动到被测点时,取减号;当低一级的条纹级数移动到被测点时,取加号。

(5)如采用白光光源,调节螺杆移动 B,当模型测点所产生的光程差全部被补偿器产生的光程差所抵消时,总的光程差为零,被测点呈现为黑点。根据 B 移动的距离 S'和 S 值,即可根据式(2 - 33)求出被测点的总条纹级数:

$$m = \frac{S'}{S} \tag{2 - 33}$$

2.7.4 柯克补偿器法

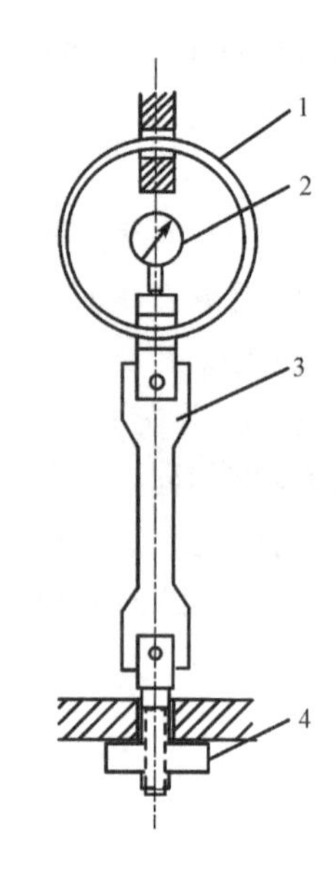

1—测力环；2—千分表；
3—试件；4—加载螺母。
图 2-22 柯克补偿器原理图

图 2-22 为柯克补偿器的原理图，它由测力环、千分表、拉伸试件及加载螺母等几部分组成，其中拉伸试件由光弹性材料制成。

柯克补偿器的补偿原理：在正交圆偏振布置（暗场）中，受力模型上各向同性点（二向等拉或二向等压）的光程差等于零，产生消光，形成黑点。现设受力模型上某测点处于单向拉应力状态，其应力值为 σ，如图 2-23 所示。若在模型测点附近的前面或后面重叠一与模型相同厚度的拉伸试件（柯克补偿器），使试件拉伸方向与测点上的应力 σ 方向垂直，当试件拉应力达到 σ 时，则重叠后的光学效应等效于各向同性点，发生消光现象，该点的等差线级数变为零。这时，模型上被测点的等差线条纹级数，与拉伸试件上的等差线条纹级数相等；根据拉伸试件上的拉应力，即能确定模型上被测点的应力大小。

若模型上被测点处于两向应力状态，可以分解为一个两向等应力 σ_2 状态和一个单向应力（$\sigma_1-\sigma_2$）状态的叠加。显然，图 2-24(b)所示的是一个各向同性点。对于图 2-24(c)，在垂直于（$\sigma_1-\sigma_2$）的方向叠加一个拉伸试件（柯克补偿器），使其拉应力 $\sigma_c=(\sigma_1-\sigma_2)$，则叠加后也等效于一个各向同性点。于是，综合的结果是该测点呈现为黑点。此时，拉伸试件的等差线条纹级数就等于模型上被测点的等差线条纹级数，被测点的应力（$\sigma_1-\sigma_2$）值即可根据拉伸试件上的应力 σ_c 求得。

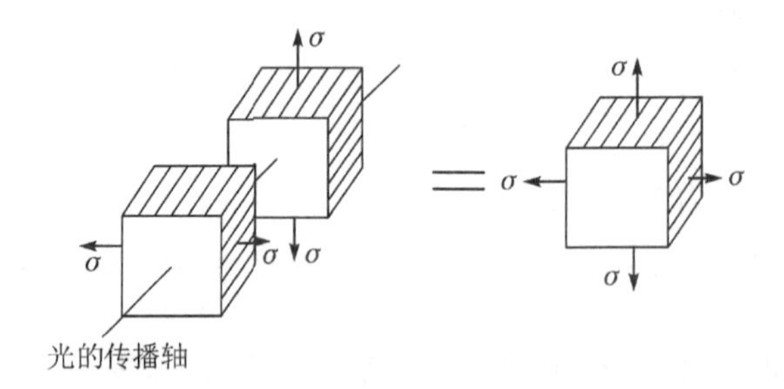

图 2-23 单向应力状态补偿原理图

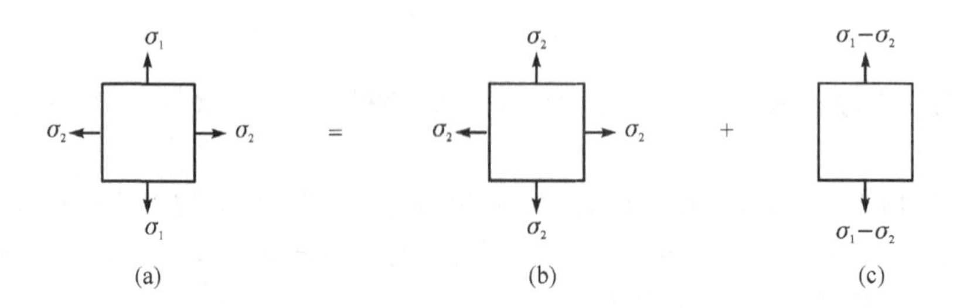

图 2-24 双向应力状态补偿原理图

如果柯克补偿器（即拉伸试件）的材料和厚度与模型的一样，则补偿器的应力就等于模型上的应力 $(\sigma_1-\sigma_2)_M$ 值。如材料和厚度与模型的不同，试件应力 σ_c 与模型应力 $(\sigma_1-\sigma_2)_M$ 具有下列关系：

$$(\sigma_1-\sigma_2)_M=\sigma_c\frac{h_c f_M}{h_M f_c} \tag{2-34}$$

式中：h_c 和 h_M 分别为补偿器试件和模型的厚度；f_c 和 f_M 分别为补偿器试件和模型的材料条纹值。

柯克补偿器的补偿步骤如下。

(1)在补偿前首先对柯克补偿器作标定试验。将补偿器置于测试光源的双正交圆偏振布置中，测定补偿器拉伸试件产生一级条纹时所需要的力，即示力千分表读数值 K。

(2)将被测应力模型置于平面偏振布置中，确定被测点的主应力方向。

(3)在双正交圆偏振布置中，将补偿器的拉伸试件重叠在被测点的某一主应力方向，进行加载，当被测点附近的整数级条纹移动到被测点时，记录千分表读数 K'。则被测点的条纹级数 m 为

$$m=N\pm\frac{K'}{K} \tag{2-35}$$

当高一级的条纹级数移动到被测点时，取减号；当低一级的条纹级数移动到被测点时，取加号。

如果使用白光光源，等差线为彩色条纹。将补偿器拉伸试件平行于 σ_2 方向放置，对补偿器拉伸试件加载，直到该点变黑为止。记下柯克补偿器的示力千分表读数值 K'。由于柯克补偿器拉伸试件所产生的光程差与模型中产生的光程差是相互抵消的，因此模型上被测点的条纹级数为

$$m=\frac{K'}{K} \tag{2-36}$$

2.7.5　条纹倍增法

当等差线很稀时，可以用条纹倍增法使得条纹适当加密，结合其它方法可较准确地确定全场的条纹级数。条纹倍增法的光路系统很简单，只要在普通的光弹性仪上，在模型前、后各放置一块部分反射镜(图 2－25)，并使后一块部分反射镜稍微倾斜某一角度，即可获得 3，5，7，…倍增条纹图。

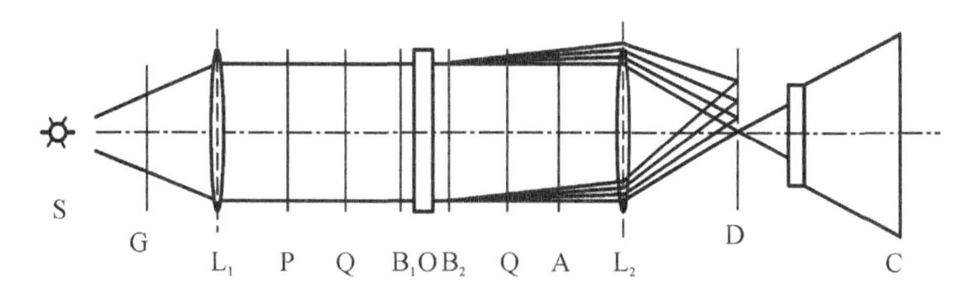

图 2－25　条纹倍增光路图

如图 2－26 所示，当光线经过两块部分反射镜的反射，来回多次通过模型，由于两块部分反射镜的夹角很小，一条光线仅在模型一点的小范围内来回通过。每通过模型一次，光程差就增加一次。不同倍增的等差线条纹图，通过光弹性仪检偏镜后的透镜聚焦在透镜的焦平面的挡板上。焦平面挡板有一小孔，调整光源，使所需观察的倍增等差线条纹图的聚焦点移到小

孔，即可在挡板后观察或拍摄倍增的条纹图，图 2 - 27 为倍增不同倍数的等差线条纹图。

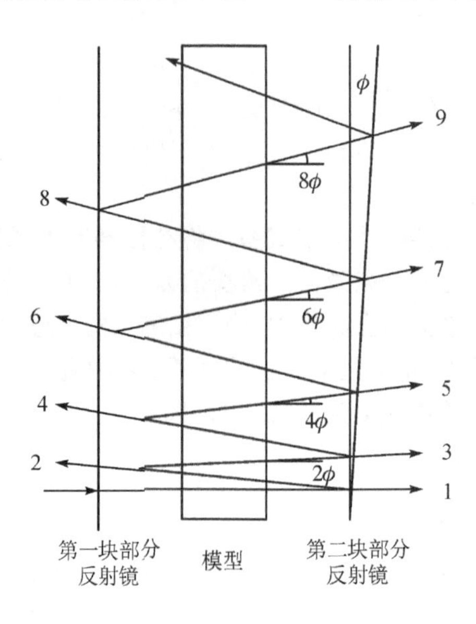

图 2 - 26　条纹倍增的基本原理

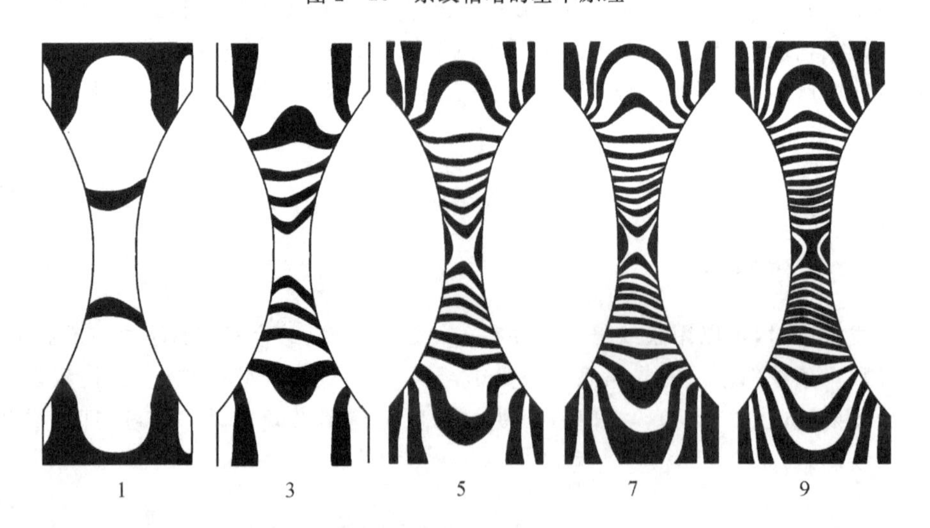

图 2 - 27　条纹倍增的等差线图

2.7.6　图像叠加法

双正交圆偏振光场得到的是整数级条纹，对应的光强方程为式(2 - 19)。平行圆偏振光场可以得到半数级条纹，对应的光强方程为式(2 - 23)。将这两式相乘可得

$$I = \frac{K^2 a^4}{4}(\sin\delta)^2 \tag{2-37}$$

将 $\delta = \frac{2\pi\Delta}{\lambda}$ 代入式(2 - 36)，则用光程差表示的光强为

$$I = \frac{K^2 a^4}{4}\left(\sin\frac{2\pi\Delta}{\lambda}\right)^2 \tag{2-38}$$

使得光强等于 0 的光程差为

$$\Delta = \frac{N\lambda}{2}, N = 0, 1, 2, \cdots \tag{2-39}$$

对比式(2-21)和式(2-25)可以看出，使得两个图片光强相乘所得的新图片对应光强等于 0 的黑色条纹对应的光程差是半波长的整数倍，条纹级数是原来用亮场或暗场直接获得的原始等差线图的条纹级数的 2 倍。

具体操作要求在进行光弹性实验时，保持相机放大倍数不变，采集相同力场的亮场和暗场等差线条纹图，并将获得条纹图的灰度图像转换成光强数据图像。将所获得光强数据图像文件对应坐标点的光强值相乘，获得新的光强数据图像。由此获得新图像的等差线条纹级数是原始图像等差线条纹级数的 2 倍。新图像同样适合用前面所给出的光强测定法确定对应的非整数级条纹。

相对于光学条纹倍增方法，图像叠加法不需要复杂的光学布置即可以获得 2 倍的等差线条纹级数，并可以用光强测定法获得非整数级条纹级数。

2.8　等倾线及其特征

2.8.1　等倾线的采集

绘制等倾线图时采用白光光源的正交平面偏振布置，此时，等差线除零级条纹外总是彩色条纹，而等倾线总是黑色条纹。

通常，起偏镜和检偏镜的偏振轴分别以水平和垂直位置为基准，这时模型上出现的是 0°等倾线，在这条等倾线上的各点，其主应力方向之一与水平夹角为零。同步逆时针方向旋转起偏镜及检偏镜，保持两偏振轴正交，根据转动的角度，即可获得不同角度的等倾线。例如每隔一定的角度(5°或 10°等)，描绘出对应的等倾线，并标明其倾角度数，直至旋转到 90°，此时的等倾线又与 0°等倾线重合。

在解决实际工程问题中，有时不必描绘整张等倾线图，只要根据所要求的截面或点，逐点测量即可。然而，在实际工作中，要获得一组满意的等倾线图是相当困难的，这是因为：

(1)等差线与等倾线互相干扰；

(2)在主应力方向改变不显著的区域，等倾线变得模糊一片，难以确定其正确位置；

(3)模型内如存在初应力，将会扰乱图线的分布。

因此，在描绘等倾线时，必须细心。要缓慢地同步旋转起偏镜和检偏镜，反复观察等倾线的变化趋势，直到基本掌握其规律后，再具体分度描绘。必要时，把不同角度的等倾线拍摄下来，供进一步校正时使用。

在实验技术上，为了避免等倾线和等差线互相干扰，可以利用光学不灵敏材料(如有机玻璃)，制造一个同样尺寸的模型，单独绘制等倾线；还可用较低载荷减少等差线的方法，使等倾线较为清晰。

2.8.2　等倾线的特征

为了迅速、正确地获得满意的等倾线图，必须掌握等倾线的特征。

1.自由曲线边界(不受外载的模型边界称自由边界)上的等倾线

对于自由曲线边界上的某点，曲线的切线和法线方向就是此点的主应力方向。如等倾线与边界相交时，则交点处模型边界的切线或法线与水平轴的夹角即为该点等倾线的角度。例如图 2－28 曲线边界上的某点 M，其主应力方向(也即法线方向)与水平轴夹角为 θ_M，则过 M 点的等倾线即为 θ_M 度等倾线，线上各点的主应力方向均与水平轴成 θ_M 或 $\frac{\pi}{2}+\theta_M$ 角。

这个特性对于正确地描绘等倾线有很大的帮助。例如图 2－29 为对径受压圆盘的等倾线图，其边界处的应力很小，因此在靠近边界地方的等倾线很模糊，但可根据上述特性予以确定，例如 5°及 10°的等倾线，必与边界上的 A、B 点相交，而 A、B 点上的法线与水平线的夹角分别为 5°及 10°。

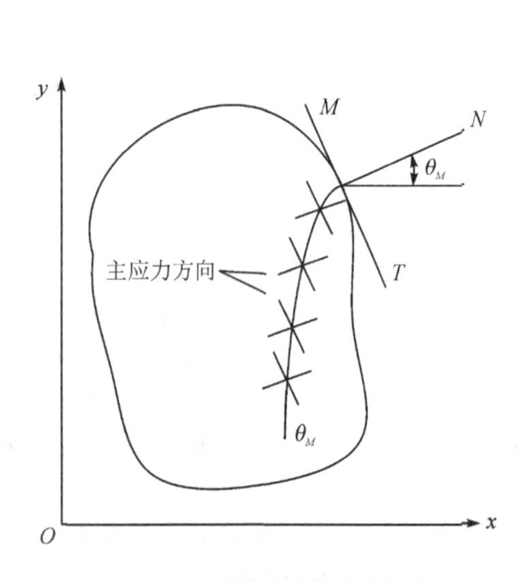

图 2－28　曲线边界上的等倾线

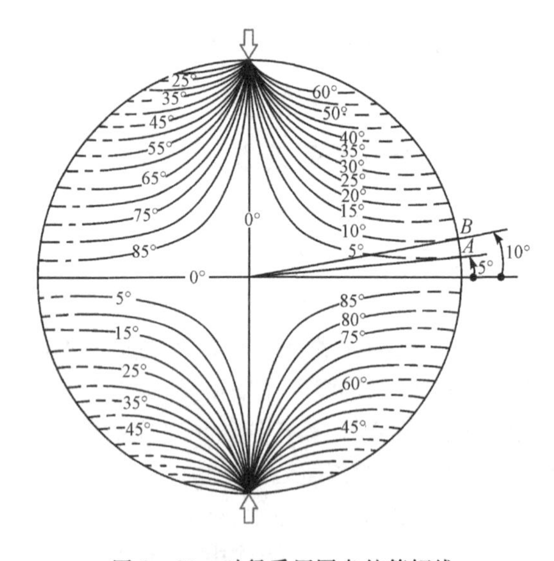

图 2－29　对径受压圆盘的等倾线

2.直线边界上的等倾线

对于自由的或只受法向载荷的直线边界，其本身就是某一角度的等倾线。因为边界上各点无剪应力，边界线即为应力主轴，且直线边界上各点主应力方向相同，所以边界线与等倾线重合。等倾线的度数 θ 由直线边界与水平线的夹角决定。图 2－30 所示的两顶角受压方块的四条边界即为 45°等倾线。

3.对称轴上的等倾线

当模型的几何形状和载荷都以某轴线为对称时，则对称轴必为应力主轴，它就是一条等倾线。例如图 2－31 的对称轴即为对应角度的等倾线，等倾线度数可根据它与水平轴线的夹角确定。

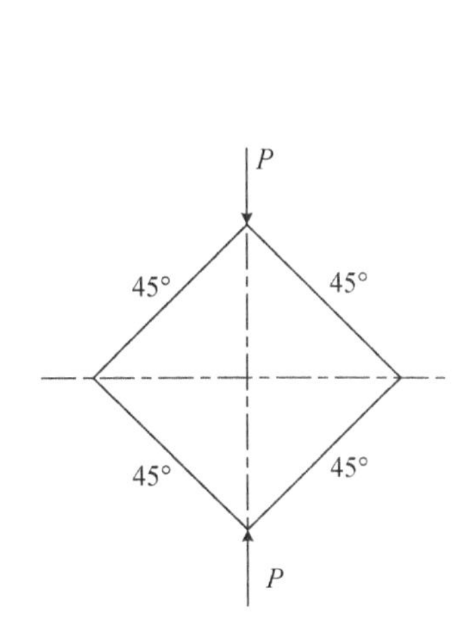

图 2－30　两顶角受压方块边界的等倾线

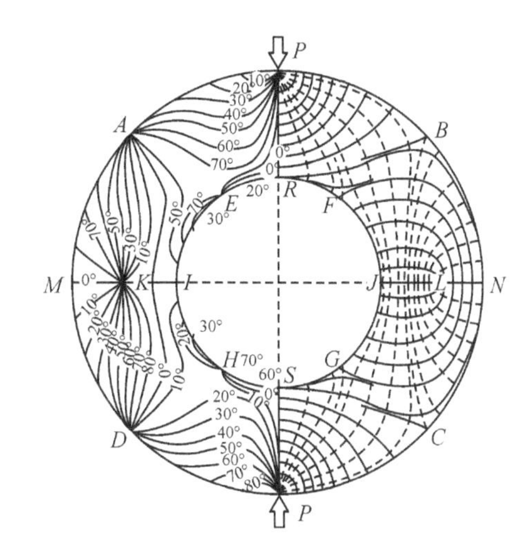

图 2－31　对径受压圆环的等倾线和主应力迹线

在对称轴两侧的等倾线图案必定相同，对称点上的等倾线度数之和必等于 90°。

4.等倾线与各向同性点

各向同性点上的任一方向都是主应力方向，所有不同角度的等倾线都必须通过它们。图 2－31 左半图为对径受压圆环的等倾线图，其中 A、B、C、D、E、F、G、H、K、L 为各向同性点，因此不同角度的等倾线将全部通过它们。

等倾线表示一点的主应力方向，除非在各向同性点上，一般不相交。因此，遇到等倾线相交的情况，必可断定此交点为各向同性点。

在各向同性点上，如果通过它的等倾线的角度是逆时针方向增加的（$\theta_1<\theta_2<\theta_3$），则称该点为正各向同性点，例如图 2－32 的 O_1 和 O_3 点。反之，如角度按顺时针方向增加，则称为负各向同性点，例如图 2－32 的 O_2 点。由于等倾线的连续性，故相邻两个各向同性点必为反向的，即各向同性点是正、负间隔的。

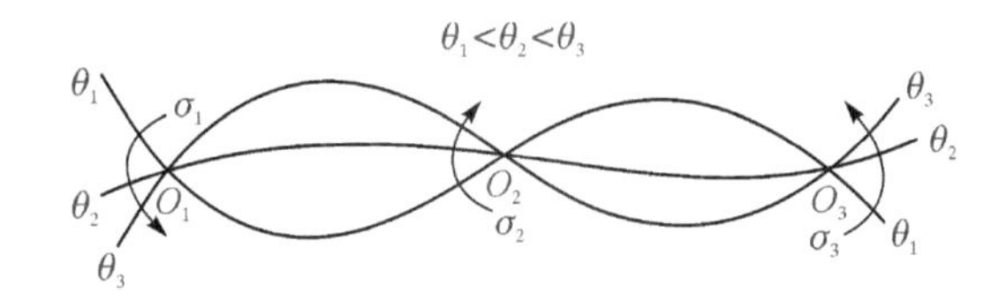

图 2－32　正负各向同性点

2.8.3　利用光强分布进行等倾线参数的确定

利用正交平面偏振光场进行光弹性实验时，同步旋转起偏镜和检偏镜可以获得不同角度的等倾线，可利用等倾线的特性将其绘制到试件图上，如图 2－31 所示。这些等倾线上各点的等倾线参数很容易确定，但有时需要其它区域内各点的等倾线参数，这就需要采取一定的方法获得。最简单的方法就是根据被测点附近已知等倾线参数的变化规律内插或外推确定。下面介绍一个根据光强变化确定被测点等倾线参数的方法。

根据正交平面偏振布置我们可以获得检偏镜后的光强方程式(2－12)，其光强用 I_p 表示。

原式可以写作

$$I_{p1}=I_p/C_p=\left(\sin 2\psi\sin\frac{\delta}{2}\right)^2 \tag{2-40}$$

根据双正交圆偏振布置我们可以获得检偏镜后的光强方程式(2－19)，其光强用 I_o 表示。原式可以写作

$$I_{o1}=I_o/C_o=(\sin\frac{\delta}{2})^2 \tag{2-41}$$

由于实验环境差异 C_p 和 C_o 有可能不同，但对于同一张照片各点应该近似相同。如果等倾线图上有满足 $\left(\sin 2\psi\sin\frac{\delta}{2}\right)^2=1$ 的点，将等差线图和等倾线图按照式(2－27)归一化，可得归一化的 I_{p1} 和 I_{o1}。如果等倾线图上没有满足 $\left(\sin 2\psi\sin\frac{\delta}{2}\right)^2=1$ 的点，需要根据半数级条纹(即 $(\sin\frac{\delta}{2})^2=1$)上已知等倾线参数 ψ 的值对归一化 I_{p1} 进行修正。根据正确的 I_{p1} 和 I_{o1}，被测点的等倾线 ψ 角度，可以由下式给出：

$$\psi=\pm\frac{1}{4}\arccos(1-\frac{2I_{p1}}{I_{o1}}) \tag{2-42}$$

由上式可以看出，当 $I_{o1}\neq 0$，而 $I_{p1}=0$ 时，$\psi=0$ 或 $\frac{\pi}{2}$，即主应力方向和检偏镜或起偏镜的偏振轴平行或垂直。当 $I_{o1}=I_{p1}=1$ 时，$\psi=\pm\frac{\pi}{4}$，即主应力方向和检偏镜或起偏镜的偏振轴成 $\frac{\pi}{4}$ 角，也就是说主应力方向和四分之一波片的快轴或慢轴平行，此时偏振方向对光强没有衰减。

根据具体情况，ψ 角的取值范围为 $\pm\frac{\pi}{4}$，具体正负号选择需要根据等倾线特性选取。当试件上某点的主应力方向对应的 $\psi=\pm\frac{\pi}{4}$，且主应力差对应的条纹级数为半数级时，$I_{p1}=I_{o1}=1$，因而可以利用这些位置点的光强归一化。当试件内没有对应 $\psi=\pm\frac{\pi}{4}$ 的主应力方向时，可以利用已知等倾线参数的等倾线上的半数级条纹进行归一化处理。由式(2－42)可以看出，当 I_{o1} 较小时将会引入较大误差，因而该方法只能获得半数级条纹附近的等倾线参数。整数级条纹附近的等倾线参数需要根据等倾线特性来确定，也可以通过改变载荷大小使得整数级条纹离开被测点，再用此方法确定被测点的等倾线参数。

一般情况下，只需要获得半数级条纹附近的等倾线参数，其它位置的等倾线参数可以通过连线的方法获得。

2.9 主应力迹线与最大剪应力迹线

主应力迹线是表示主应力方向的曲线族。曲线上各点的切线和法线方向即为该点的两个主应力方向。主应力迹线由表示 σ_1 和 σ_2 方向的两组曲线族组成。一组画成实线，另外一组

画成虚线。

主应力迹线是很有实用价值的曲线。土木工程中钢筋混凝土的钢筋布置的位置方向、某些板壳结构加强筋的位置方向,都是根据最大主应力迹线确定的。

2.9.1 主应力迹线的绘制

主应力迹线与主应力方向有关,而与主应力大小无关。有了等倾线就可通过作图法将主应力迹线描出。

设已获得一组不同角度的等倾线,如图 2-33 所示,可以用如下的方法获得相应的主应力迹线。

取水平轴线 $O-O'$ 作为基准线。

再从基准线上画出 10°,20°,30°,…的斜线,分别与同度数的等倾线相交。图 2-33 在各条等倾线上,按相应的斜线作出许多平行短线。

以这些短线为切线,连成一条光滑的曲线,画一系列这样的曲线,即得一族主应力迹线,以 S_1 表示。

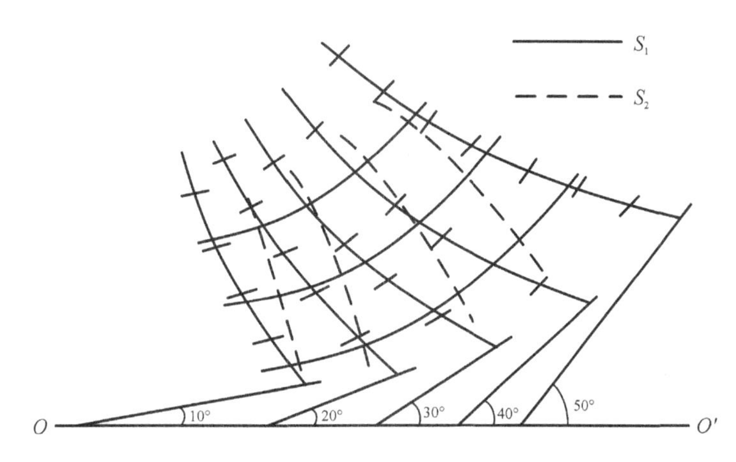

图 2-33 主应力迹线的绘制

作一系列与 S_1 正交的光滑曲线,即得到另一族主应力迹线。

2.9.2 主应力迹线的特性

因为一点的两个主应力是互相垂直的,所以,两族主应力迹线一定是正交曲线族。

无各向同性点的自由边界或对称轴,本身就是一条主应力迹线,另一族迹线与它正交。

正各向同性点附近的两族主应力迹线呈连锁式,将正各向同性点包在其中,负各向同性点附近的两族主应力迹线呈非连锁式(图 2-31)。

2.9.3 最大剪应力迹线

最大剪应力迹线是表示最大剪应力方向的曲线族。在主应力迹线图上,将主应力方向转45°即为最大剪应力方向,据此,可绘出最大剪应力迹线。它也可直接由等倾线绘出。对金属锻压问题,常常要了解锻件的最大剪应力方向,这就需要作最大剪应力迹线图。

实验 2.1　光弹性仪的构造及光学效应

实验目的

(1)熟悉光弹性仪的构造及作用;掌握仪器的使用与调整。

(2)观察受力的光弹性塑料模型在偏振光场中的光学现象。

仪器设备

光弹性仪一台;光弹性塑料模型数个。

实验方法

(1)观看仪器各部分,了解其作用,学会操作。

(2)观察在平面偏振布置和圆偏振布置的情况下,当起偏镜和检偏镜偏振轴互相垂直(暗场)和互相平行(亮场)时两种布置方法的光学现象。

(3)观察光弹性塑料模型在受力后的暂时双折射现象。

(4)观察等差线及等倾线的形成。

(5)在圆偏振布置中,观察等倾线消除现象,进一步理解四分之一波片的作用。

(6)用一标准试件校正仪器各镜片镜轴的位置。

习题

(1)在圆偏振布置中,当起偏镜与检偏镜偏振轴互相平行时,按双正交圆偏振布置同样的方法推导出通过检偏镜后的光强表达式。

(2)如何确定非整数级条纹,试着利用几种方法确定某等差线图上给定截面的条纹级数变化规律。

(3)某四分之一波片,对于 $\lambda=5480$ Å 的光波,产生的相位差为 $\frac{\pi}{2}$,如采用 $\lambda=5893$ Å 的光波,产生的相位差为多少?

(4)推导双正交圆偏振光场下检偏镜后的光强方程。

(5)利用光强测定法编写类似图 2-17 等差线图上某一截面的等差线条纹级数提取程序,并结合试验获得的等差线图,给出某一截面的等差线条纹级数。

(6)编制利用光强分布进行等倾线参数确定的程序,并结合试验获得的等差线图和等倾线图,给出某一截面的等倾线参数的变化曲线。

第3章　光弹性实验结果分析

从光弹性实验中已经获得了两类资料，一类是等差线级数 N，代表两主应力差相等的线；一类是等倾线参数 θ，表示主应力方向相同的线，即根据光弹性实验得到了模型中任意一点应力状态的两个条件。由等倾线角度可确定模型中各点的主应力方向。由等差线条纹级数，根据公式 $\sigma_1-\sigma_2=\frac{Nf}{h}$，只能确定模型中各点的主应力差值，不能确定模型内各点主应力的具体数值，必须补充一个条件才能完全确定平面应力问题主应力的大小和方向。在模型边界处的特殊情况下，由于主应力方向为已知，且垂直于边界的主应力一般可以根据边界条件得到，因而仅仅根据等差线条纹级数就可以得到沿边界切线方向的主应力值。

3.1　边界应力的计算和应力集中系数

3.1.1　边界应力计算

测定边界应力，对多数构件来说具有很重要的意义。这是因为最大应力一般都在边界上，知道最大应力便可对构件的安全性作出基本估计，判断构件的几何形状是否合理等。模型自由边界上的法向正应力和剪应力都等于零，只剩下一个切向正应力。所以，平面应力模型的自由边界(图3-1中的 A 点)总是处于单向应力状态。因此，边界切向正应力的大小可以直接由边界上该点处的条纹级数 N 求出：

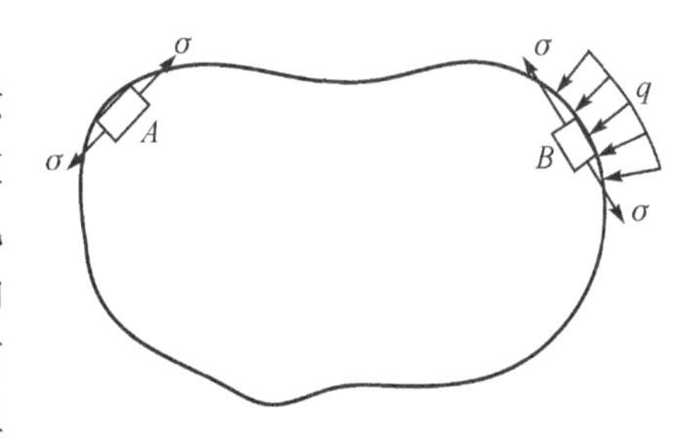

图3-1　模型边界的应力

$$\left.\begin{matrix}\sigma_1\\ \sigma_2\end{matrix}\right\}=\pm\frac{Nf}{h} \tag{3-1}$$

对于平面应力模型中受法向压力载荷 q 的边界(图3-1中的 B 点)，边界切向正应力的大小可以由下式给出：

$$\left.\begin{matrix}\sigma_1\\ \sigma_2\end{matrix}\right\}=\pm\frac{Nf}{h}-q \tag{3-2}$$

由式(3-1)或式(3-2)计算的应力究竟是 σ_1，还是 σ_2，需根据其符号来确定，常用的方法有如下三种。

1.分析法

根据已有的弹性力学等知识，结合边界受力情况，通过分析获得。

2.钉压法

在自由边界用尖钉或手指加压应力，如果边界切线方向是压应力，叠加压力产生的正压力后，则该点的主应力差值减小，条纹级数也减小，附近的低级数条纹向高级数方向移动。这就是说，当边界等差线级数高于模型内部时，等差线从模型内部向边界移动，如图 3－2(a)所示；反之，等差线向模型内部移动。如果边界原来是拉应力，则边界上的条纹级数增加，内部高级数的条纹向低级数方向移动。就是说，当边界等差线级数高于模型内部时，等差线从边界向模型内部移动，如图 3－2(b)所示；反之，等差线向模型边界移动。因而可得：当加侧压力于自由边界时，若局部边界上的条纹级数增加，就可判别该处边界的应力是拉应力；反之，该处边界的应力就是压应力。

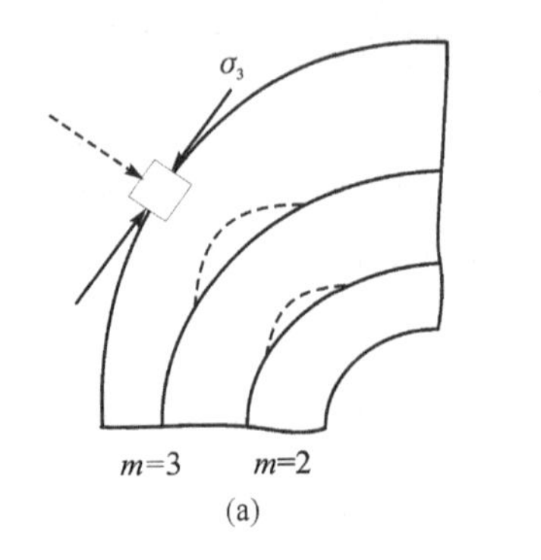

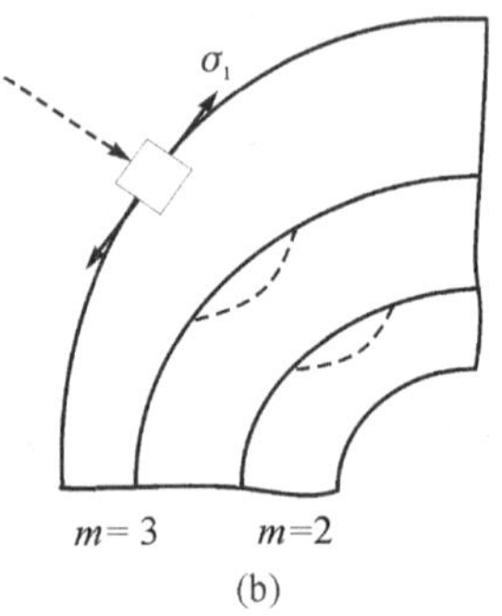

图 3－2　钉压法

3.补偿法

将柯克补偿器叠加在被测点上，使其拉伸方向与边界切线方向一致，当对拉伸试件施加微小拉力时，如发现被测点的条纹级数增加，则边界应力为拉应力(即 σ_1)；如发现被测点的条纹级数减少，则边界应力为压应力(即 σ_2)。

以吊钩为例，图 3－3 是由光弹性实验所描绘的暗场等差线图，根据它可得到边界上各点的等差线条纹级数。对于某些特殊的点，如极值应力的点(其条纹级数比周围都高或都低)、等差线较疏处的点，可用补偿法求出其分数级条纹级数。有了各点的条纹级数，可按式(3－1)求出边界应力值。用钉压法可确定吊钩外边界为压应力，内边界为拉应力。通过边界上各点，作边界的法线，选择合适的比例尺，将各点的应力值标在法线上，法线的外端连成曲线图，这就是边界应力分布曲线，如图 3－4 所示。

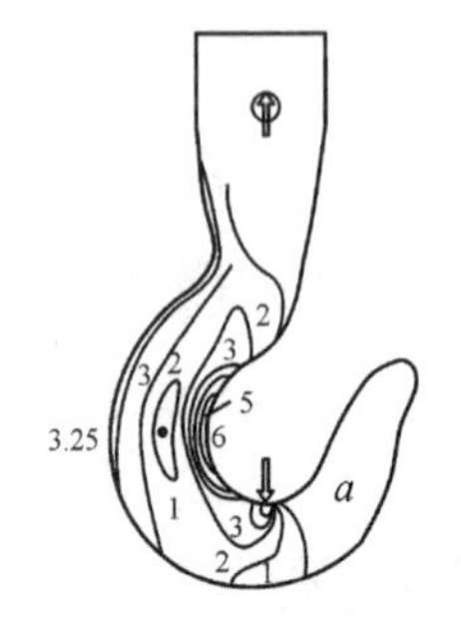

图 3－3　吊钩等差线图

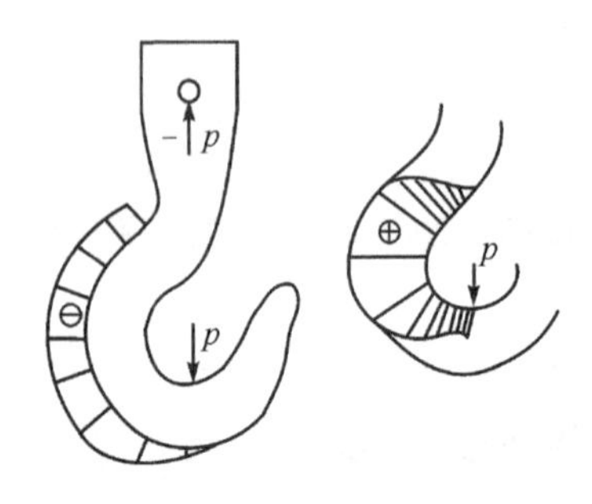

图 3－4　吊钩边界应力分布图

3.1.2　应力集中系数

在平面光弹性实验中，可以准确地测定边界应力，还可以准确地测定有开孔或缺口的试件应力集中区的最大应力。

自由边界上应力集中区的最大应力为

$$\sigma_{\max}=\frac{N_{\max}f}{h} \tag{3-3}$$

式中：$N_{\max}$为应力集中区的最大条纹级数。

由于局部应力集中结构对应力分布的影响一般限制在较小的范围，其对距离应力集中结构较远的区域的应力分布没有明显的影响，因此工程上常用应力集中系数描述局部应力集中结构对应力分布的影响。应力集中系数和载荷形式以及局部结构有关，可以通过设计不同局部结构的试件，采用相应的载荷形式，利用光弹性实验得到其对应的应力集中系数。

应力集中系数一般定义为

$$\alpha_{\mathrm{k}}=\frac{\sigma_{\max}}{\sigma_{\mathrm{N}}} \tag{3-4}$$

式中：σ_{N} 为最大应力点的计算名义应力。计算名义应力一般为不考虑局部应力集中结构影响的简单结构，根据材料力学即可获得的截面平均应力或表面应力。一般应力集中手册里都会给出名义应力的计算方法。

3.2　内部应力分离方法

用光弹性实验方法，可以获得等差线图和等倾线图两种资料，等差线给出了主应力差值，等倾线给出了主应力方向。平面问题内部各点的完整应力状态是由三个量（σ_1、σ_2 和主应力方向或 σ_x、σ_y 和 τ_{xy}）来确定的，因而还需要补充其它的资料，才能将主应力分离出来，这种方法称为应力分离方法。主要的应力分离方法有如下几种。

3.2.1　主应力和法

这是一种用计算或实验方法求得内部各点的主应力和（$\sigma_1+\sigma_2$），再与等差线图上得到的主应力差（$\sigma_1-\sigma_2$）配合，来计算各点应力的方法。目前较方便地获得主应力和的办法是全息光弹性法，它可以得到一族主应力和线，这种方法将在第 6 章专门讨论。另一种方法鉴于模型内部各点应力均满足拉普拉斯方程（不计体积力的影响），故可以根据已知模型边界上各点的主应力和（$\sigma_1+\sigma_2$）值作为边界条件，用数值计算或电子计算机求解拉普拉斯方程：

$$\nabla^2(\sigma_1+\sigma_2)=0 \tag{3-5}$$

式中：$\nabla^2=\frac{\partial^2}{\partial x^2}+\frac{\partial^2}{\partial y^2}$称为拉普拉斯算子。

由式（3－5）即可求得内部各点的（$\sigma_1+\sigma_2$）值。以上两种方法都能确定全场的应力分布。此外，还有横向伸长法和电场比拟法等。横向伸长法是逐点量取模型厚度在受力前后的变化量来求主应力和。电场比拟法是利用电位分布来模拟主应力和的分布。这是因为电位 E 在电场中的分布和主应力和在模型中的分布一样，都满足拉普拉斯方程，即 $\nabla^2E=0$ 和

$\nabla^2(\sigma_1+\sigma_2)=0$，只要边界条件相似，则电位 E 的分布与主应力和的分布相似。但这些方法目前已不常用，故不再详述。

3.2.2　斜射法

正射光弹性实验已经确定了主应力方向。斜射时可以将入射光方向分别绕 σ_1 和 σ_2 转动一个角度斜向射入模型，如图3-5所示。当入射光绕 σ_2 转动 φ_1 角入射时，可以得出垂直于入射光方向的次主应力分别是 $\sigma_1\cos^2\varphi_1$ 和 σ_2。入射光在模型里经过的行程为 $\frac{h}{\cos\varphi_1}$，因此有

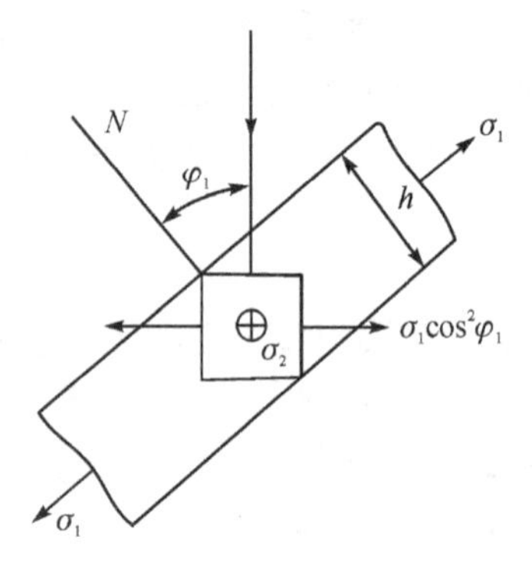

图 3-5　斜射法

$$\sigma_1\cos^2\varphi_1-\sigma_2=\frac{N_{\varphi_1}f}{h}\cos\varphi_1 \tag{3-6}$$

式中：N_{φ_1} 为倾斜入射时获得的对应点的条纹级数。

当入射光绕 σ_1 转动 φ_2 角入射时，可以得出垂直于入射光方向的次主应力分别是 σ_1 和 $\sigma_2\cos^2\varphi_2$。入射光在模型里经过的行程为 $\frac{h}{\cos\varphi_2}$，因此有

$$\sigma_1-\sigma_2\cos^2\varphi_2=\frac{N_{\varphi_2}f}{h}\cos\varphi_2 \tag{3-7}$$

式中：N_{φ_2} 为对应位置的条纹级数。

应用任意一次斜射法的式(3-6)或式(3-7)和正射法式联合即可以达到应力分离的目的。斜射法对于对称轴线上的应力分离比较方便，可避免测量等倾线的误差。如只需测定模型内个别点的应力分量，即可以采用斜射法。有时为了消除误差，可以通过多次斜射法与正射法联合获得多组 σ_1 和 σ_2，通过平均的方法达到提高测量精度的目的。

为了避免光线在射入试件时发生折射，应用斜射法时，须将试件放在盛有与模型折射率相同的浸没液缸内。浸没液可以采用 α-溴代苯或 α-氯代苯（折射率分别为1.688与1.632）和石蜡或白油（折射率分别为1.455与1.468）的混合液，按某一比例配制成与模型材料相同的折射率。

也可以采用图3-6所示的斜射棱镜法进行斜射法实验。在模型平面的前后对称地各放一块平顶棱镜并使棱镜的柱平面与某主应力平行。一束准直圆偏振光垂直于棱镜的正射面（顶平面）入射，从第二块棱镜的正射面射出，对应得到正射法的等差线级数。同时，由棱镜的斜射面入射的光线要产生折射，透过模型的折射角为 φ；经过模型测点并从第二块棱镜的斜射面射出，它在光弹性仪中反映的条纹级数为斜射法对应的条纹级数。图中 A—A 为垂直于入射光方向的次主应力方向。

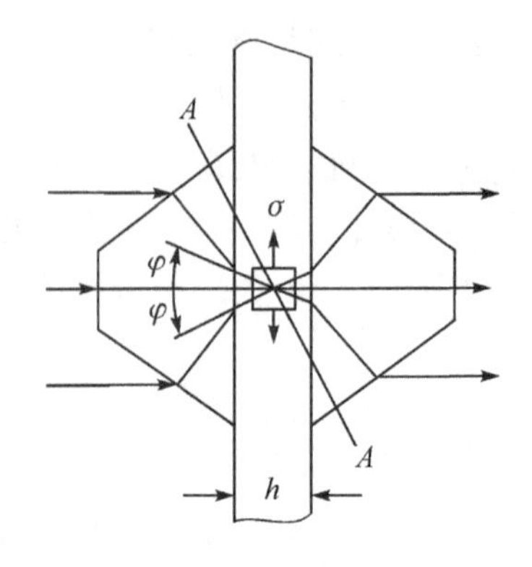

图 3-6　斜射棱镜

3.3　图解积分法

首先画出等倾线图、主应力迹线图及等差线图。然后可以通过计算或图解的办法，获得单个的主应力 σ_1 和 σ_2 值。计算时，必须选择已知两主应力值的某点作为起始点，例如，选择某边界点。

为了导出这个计算方法的基本方程，一般从拉梅-麦克斯韦(Lame-Maxwell)微分方程出发，这个方程是

$$\begin{cases}\dfrac{\partial\sigma_1}{\partial S_1}+\dfrac{\sigma_1-\sigma_2}{\rho_2}=0\\\dfrac{\partial\sigma_2}{\partial S_2}+\dfrac{\sigma_1-\sigma_2}{\rho_1}=0\end{cases}\tag{3-8}$$

式中：S_1 和 S_2 分别为对应两主应力的迹线；ρ_1 和 ρ_2 分别为两主应力迹线的曲率半径，其符号规定如下。

(1)当主应力迹线 S_1 的正向已定(可以任意选择)，则第二主应力迹线 S_2 的正向就可确定。即从 S_1 的正向围绕两主应力迹线的交点逆时针转 90°，这最后的位置就确定了 S_2 的正向，如图 3-7 所示。

(2)曲率半径的符号规定如下(图 3-8)。假定 S 是一条主应力迹线，T 是该线在 O 点的切线。在 S 的正向切线段以逆时针转 90°而与 ρ 重合时，则曲率半径 ρ 就为正的；反之，则为负的。如图 3-8(a)中的 ρ 为正，图 3-8(b)中的 ρ 为负。

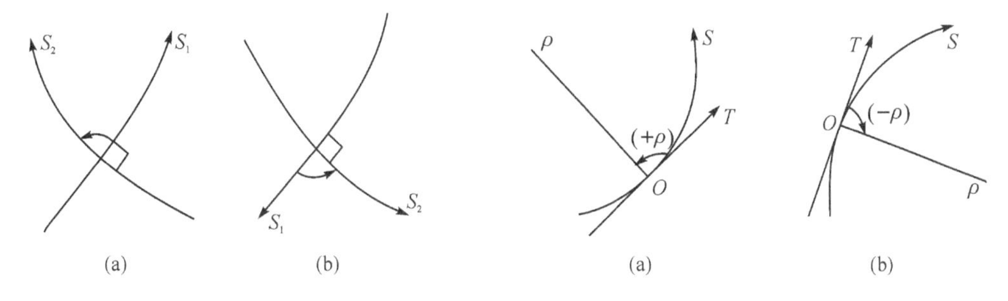

图 3-7　主应力迹线符号的定义　　图 3-8　曲率半径的符号

将式(3-8)转换为微分形式并离散化，有

$$\begin{cases}\Delta\sigma_1=-\dfrac{\sigma_1-\sigma_2}{\rho_2}\Delta S_1\\\Delta\sigma_2=-\dfrac{\sigma_1-\sigma_2}{\rho_1}\Delta S_2\end{cases}\tag{3-9}$$

由于主应力差可以根据等差线获得，曲率半径 ρ_1 和 ρ_2 可以由主应力迹线获得，由此可以从已知应力状态点(比如边界上的点)，沿主应力迹线递推，即可求得主应力迹线上各点的主应力分量。

由于曲率半径很难求出，故又引进另一个值，即第一主应力迹线 S_1 和等倾线 θ(以逆时针方向为正，见图 3-9)之间的角度 α，对应于 ΔS_1 等倾线的角度变化 $\Delta\theta$，即 θ 沿 S 而改变。

首先观察在点 O 成正交的两主应力迹线 S_1 和 S_2。此外，等倾线 θ 也通过 O 点。在图3-9所示的 S_1 和 S_2 的情况下，等倾线总是通过第一象限和第三象限。在 S_1 的正向距离 $\Delta S_1=OA$ 处，主应力迹线 S_1 与等倾线 $(\theta+\Delta\theta)$ 相交；在反向，与等倾线 $(\theta-\Delta\theta)$ 相交。此外，等倾线 $(\theta-\Delta\theta)$ 与主应力迹线 S_2 距 O 点距离为 ΔS_2 在 B 点相交。由 ΔS_1、ΔS_2 和由通过 B 点和 A 点所走过的主应力迹线为界的面素有下列关系：

$$\begin{cases}\dfrac{\Delta S_1}{-\rho_2\Delta\theta}=c\tan\alpha\\ \dfrac{\Delta S_2}{\rho_1\Delta\theta}=\tan\alpha\end{cases}\tag{3-10}$$

这样式(3-9)可以转换为

$$\begin{cases}\Delta\sigma_1=(\sigma_1-\sigma_2)c\tan\alpha\Delta\theta\\ \Delta\sigma_2=-(\sigma_1-\sigma_2)\tan\alpha\Delta\theta\end{cases}\tag{3-11}$$

因为这个方程一般不能直接积分，所以通常用逐次图解递推法。

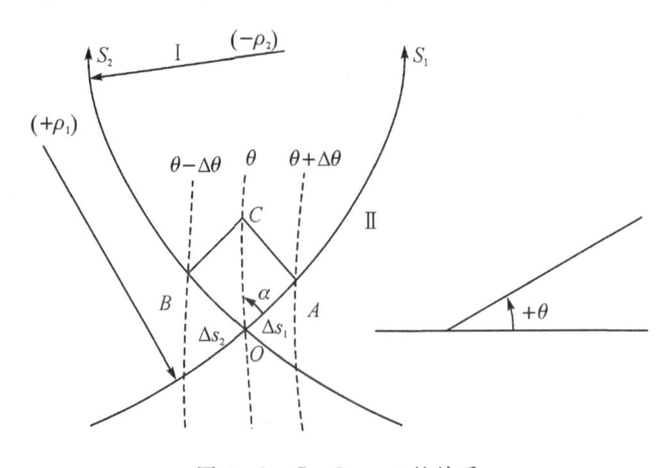

图 3-9 S_1、S_2、α、θ 的关系

当等倾线与主应力迹线重合时，$\alpha=0$，这条线是一条直线，就是模型的对称轴，这时需要对上述方法加以改变。

如图 3-10(a)所示，主应力迹线 S_1 和等倾线 θ_0 是对称轴，并与直角坐标系的 x 轴重合。主应力迹线 S_2 与等倾线 θ_1 相交于 B 点。图 3-10(b)和图 3-10(a)类似，主应力迹线 S_2 与 Oy 轴重合。由图中可以得到：

$$\begin{aligned}dy\approx OB\approx\rho_2\Delta\theta\\ dx\approx OA\approx\rho_1\Delta\theta\end{aligned}\tag{3-12}$$

式中：$\Delta\theta=\theta_0-\theta_1$ 为对应的等倾线变化量。

将式(3-11)代入式(3-8)，结合式(3-12)，整理后可得：

$$\Delta\sigma_1=-(\sigma_1-\sigma_2)\frac{\Delta\theta}{\Delta y}\Delta S_1\tag{3-13}$$

$$\Delta\sigma_2=-(\sigma_1-\sigma_2)\frac{\Delta\theta}{\Delta x}\Delta S_2\tag{3-14}$$

式(3-13)适用于图 3-10(a)所对应的情况，即 Ox 轴为对称轴，并与 S_1 重合。式(3-14)

适用于图 3 - 10(b)对应的情况。

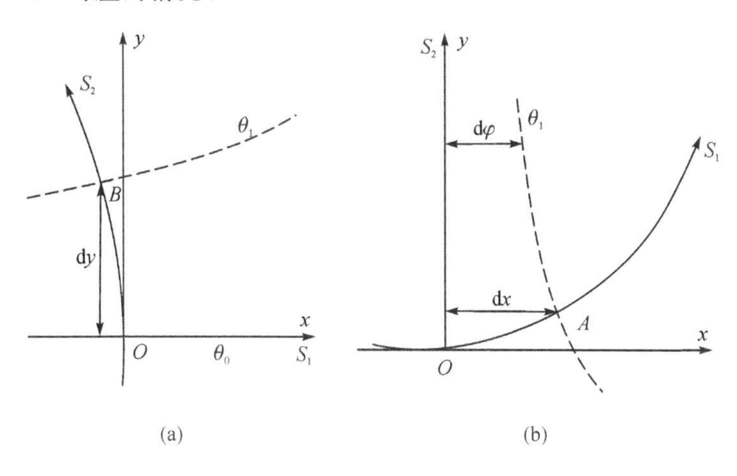

图 3 - 10　等倾线与主应力迹线重合的情况

例如，对于图 3 - 11 沿主应力迹线 S_1 积分的情形，用差分式逐点进行。取 ΔS_1 为定值，则由 O 点到 A_1 点的主应力增量 $\Delta\sigma_1$ 为

$$(\Delta\sigma_1)_1=-(\sigma_1-\sigma_2)\frac{\Delta\theta}{\Delta y_1}\Delta S_1$$

由 A_1 点到 A_2 点的主应力增量为

$$(\Delta\sigma_1)_2=-(\sigma_1-\sigma_2)\frac{\Delta\theta}{\Delta y_2}\Delta S_1$$

依次可得 $(\Delta\sigma_1)_3$，$(\Delta\sigma_1)_4$，…

式中：$\Delta\theta$ 为在对称截面上的等倾线 θ_0 与最邻近的一条已知的等倾线 θ_1 之差，其取值尽量较小，大多数选 $\Delta\theta=5°$；ΔS_1 为沿对称截面（即 x 轴）上的微分段，最好把对称截面分成等距离的较多的微量；Δy_i 为对称截面（即 x 轴）上的分段点与该点处的等倾线 θ_1 之间的垂直距离。

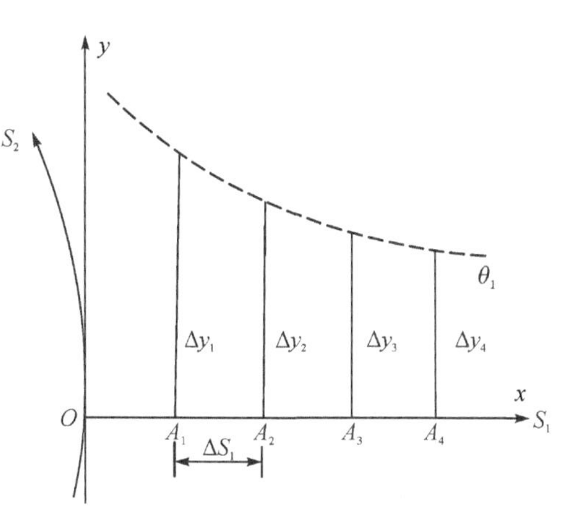

图 3 - 11　沿 S_1 积分的例子

如果已知 O 点的主应力分量 $(\sigma_1)_0$，根据得到的 $(\Delta\sigma_1)_i$，就可以得到对应各点的主应力分量 σ_1。根据各点的主应力差值，就可以得到对应的另一个主应力分量 σ_2。

3.4　剪应力差法

3.4.1　剪应力的计算

图 3 - 12 为平面应力状态的模型，根据应力圆可得，沿 Ox 截面任一点的剪应力 τ_{xy} 为

$$\tau_{xy}=\frac{\sigma_1-\sigma_2}{2}\sin 2\theta \tag{3-15}$$

式中：θ 为 σ_1 方向与 Ox 轴的夹角，并自 Ox 轴逆时针方向为正，而主应力差 $(\sigma_1-\sigma_2)$ 可由等差线得到，即

$$\sigma_1-\sigma_2=\frac{Nf}{h}$$

由此可得

$$\tau_{xy}=\frac{Nf}{2h}\sin 2\theta \tag{3-16}$$

剪应力符号按弹性理论规定。

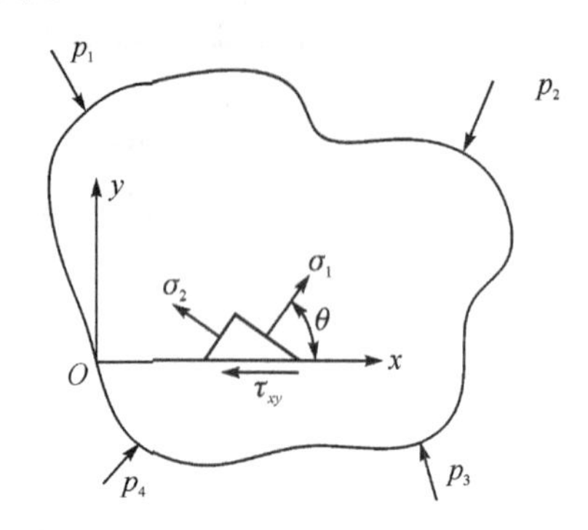

图 3-12 平面应力状态模型

3.4.2 正应力 σ_x 的计算

正应力 σ_x 的计算是利用弹性理论平面问题的平衡方程式，当忽略体积力时为

$$\begin{aligned}\frac{\partial \sigma_x}{\partial x}+\frac{\partial \tau_{xy}}{\partial y}=0\\ \frac{\partial \tau_{xy}}{\partial x}+\frac{\partial \sigma_y}{\partial y}=0\end{aligned} \tag{3-17}$$

将第一式沿 Ox 轴的 0 到 i 进行积分，得：

$$(\sigma_x)_i=(\sigma_x)_0-\int_0^i \frac{\partial \tau_{xy}}{\partial y}\mathrm{d}x \tag{3-18}$$

式中：$(\sigma_x)_0$ 为起始边界上 O 点的 σ_x 值，一般选 O 为原点，$(\sigma_x)_i$ 为计算点的 σ_x 值。

用有限差分的代数和代替积分，则得：

$$(\sigma_x)_i=(\sigma_x)_0-\sum_0^i \frac{\Delta \tau_{xy}}{\Delta y}\Delta x \tag{3-19}$$

式中：$\Delta\tau_{xy}$是在间距 Δx 范围内剪应力在 Δy 范围的增量均值，即间距 Δx 范围内，相距 Δy 的上辅助截面与下辅助截面的剪应力差值；$\Delta x/\Delta y$ 是相应的间距 Δx 与 Δy 的比值。

由式(3-19)可知，如要计算某一截面 Ox 上的正应力 σ_x，必须先在该截面的上下作相距为 Δy 的两辅助截面 AB 及 OD，并将 Ox 分成若干份(图 3-13)，为计算方便一般采用等分。然后才能从边界开始(或已知正应力点)逐点求和，以确定各分点的 σ_x 值。若间距为 Δx 上的相邻两点以 $i-1$ 和 i 表示，则式(3-19)可改写为

$$(\sigma_x)_i=(\sigma_x)_{i-1}-\Delta\tau_{xy}\Big|_{i-1}^{i}\frac{\Delta x}{\Delta y} \tag{3-20}$$

此公式可以用作剪应力差的递推公式，由已知正应力点得到任意截面上的正应力及其

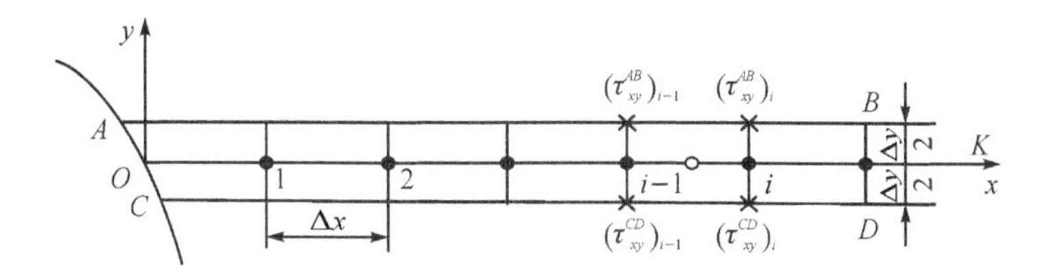

● — σ_x的计算点; × — τ_{xy}的计算点; ○ — $\Delta\tau_{xy}$的计算点。

图 3 - 13　剪应力差法示意图

分布。

其中,$\Delta\tau_{xy}$最好取相邻两点 $i-1$ 和 i 中间点的剪应力差。可以用公式(3 - 21)计算:

$$\Delta\tau_{xy}\Big|_{i-1}^{i}=\frac{[(\tau_{xy}^{AB})_{i-1}-(\tau_{xy}^{CD})_{i-1}]+[(\tau_{xy}^{AB})_i-(\tau_{xy}^{CD})_i]}{2} \tag{3-21}$$

在实际数值计算时,坐标分格的疏密按计算精度要求而定,在应力变化急剧的区域,应适当增密。

3.4.3　σ_y 的计算

算出 σ_x 后,就很容易得到 σ_y,由应力圆可知:

$$\sigma_y=\sigma_x\pm\sqrt{(\sigma_1-\sigma_2)^2-4\tau_{xy}^2} \tag{3-22}$$

或

$$\sigma_y=\sigma_x-(\sigma_1-\sigma_2)\cos 2\theta \tag{3-23}$$

主应力差$(\sigma_1-\sigma_2)$可以由等差线级数获得,θ 表示主应力 σ_1 方向与坐标轴的夹角,由等倾线获得,并自坐标轴逆时针方向转到 σ_1 方向为正。τ_{xy} 可以由等差线级数和角度 θ 获得。这样上述公式可以分别表示为

$$\sigma_y=\sigma_x\pm\sqrt{\left(\frac{Nf}{h}\right)^2-4\tau_{xy}^2} \tag{3-24}$$

$$\sigma_y=\sigma_x-\frac{Nf}{h}\cos 2\theta \tag{3-25}$$

3.4.4　应力计算步骤

(1)在等差线和等倾线图上画出计算截面 OK(图 3 - 13),将 OK 分成若干段,间距为 Δx,标出各分点 i。再作 OK 的上辅助截面线 AB 和下辅助截面线 CD,两辅助截面与 OK 截面的间距均为 $\Delta y/2$。通常为了计算方便取 $\Delta x=\Delta y$。

(2)根据等差线及等倾线图,用图解内插法(或逐点测量)等方法给出各分点的条纹级数值和主应力 σ_1 与坐标轴的夹角(以逆时针旋转为正),分别记为$(N_{OK})_i$、$(N_{AB})_i$、$(N_{CD})_i$以及$(\theta_{OK})_i$、$(\theta_{AB})_i$、$(\theta_{CD})_i$。

(3)按式(3 - 16)计算截面上各分点的剪应力。

(4)按式(3 - 21)求上截面与下截面各分点的剪应力差值及其平均值。

(5)$\dfrac{\Delta x}{\Delta y}$的正负号,与所取的坐标轴和剪应力差的计算有关。

(6)如果已知某点的正应力可以以该点正应力作为$(\sigma_x)_0$，如果没有已知正应力点，一般可以取自由边界上或在已知分布载荷作用的边界上的点的正应力作为递推公式的初始点。

(7)根据递推公式 (3 - 20)，求各点的正应力。

当 $i=1$ 时，有：

$$(\sigma_x)_1=(\sigma_x)_0-\Delta\tau_{xy}\Big|_0^1\frac{\Delta x}{\Delta y}$$

当 $i=2$ 时，有：

$$(\sigma_x)_2=(\sigma_x)_1-\Delta\tau_{xy}\Big|_1^2\frac{\Delta x}{\Delta y}$$

依次可得整个截面上的正应力。

(8)按式(3 - 22)或式(3 - 23)计算各点的 σ_y。

(9)作 OK 截面上正应力分布图。

(10)作静力平衡校核。根据内力与外力必须平衡的条件，对已得的结果进行校核，以估计结果的误差。

计算时，一般用表格进行。应力单位先用“条”表示，最后再乘以$\frac{f}{h}$换算成以 N/m^2 为单位的正应力值。

3.5 材料条纹值的测定

材料条纹值 f 是光弹性材料的一个主要性能参数，它只与模型材料常数 C 和光波长 λ 有关，而与模型形状、尺寸和受力方式无关。因此，只需在与模型相同的材料上，截取一个具有理论解的标准试件，例如纯拉伸、纯弯曲或对径受压圆盘等，采用与模型实验同样的光源，在一定的外力下，测出试件某点的条纹级数 N，并利用理论公式算出相应点的主应力差$(\sigma_1-\sigma_2)$值，就可根据式$(\sigma_1-\sigma_2)=\frac{Nf}{h}$求出材料条纹值 f。

3.5.1 纯拉伸试件

拉伸试件宽度为 b，厚度为 h，载荷为 p。

根据材料力学公式，已知试件中的应力为 $\sigma_1=\frac{p}{bh}$，$\sigma_2=0$。

在某载荷 p 的作用下，由实验测得纯拉伸的等差线条纹级数 N 值。

由此可算出材料条纹值为

$$f=\frac{p}{bN} \tag{3-26}$$

3.5.2 纯弯曲试件

纯弯曲试件(图 3 - 14)，作用弯矩为 M，梁高为 H，厚度为 h。

根据材料力学公式，算出梁边缘处应力为 $\sigma_1=\dfrac{6M}{hH^2}$，$\sigma_2=0$。

在实验所得的等差线图上，找出梁边缘处的条纹级数 N，再用公式(2-17)算出材料条纹值为

$$f=\frac{6M}{H^2N} \tag{3-27}$$

如果边缘处的条纹级数(一般为非整数)不好确定的话，可取某一个整数条纹级数 N 的点，量取此点离中性层的距离 y 值，计算 $\sigma_1=\dfrac{12My}{hH^3}$，然后求出材料条纹值。

$$f=\frac{12yM}{H^3N} \tag{3-28}$$

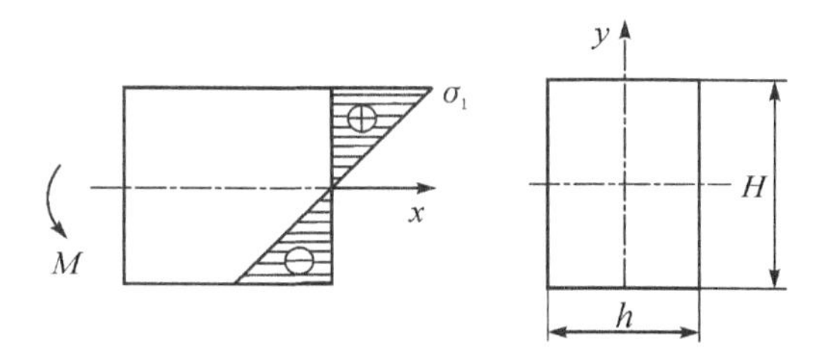

图 3-14　纯弯曲试件的应力分布

3.5.3　对径受压的圆盘

如果图 3-15 所示的圆盘直径为 D，厚度为 h，载荷为 p。根据弹性力学可得在圆盘中心处应力为

$$\sigma_1=\frac{2p}{\pi Dh},\sigma_2=-\frac{6p}{\pi Dh} \tag{3-29}$$

则：

$$\sigma_1-\sigma_2=\frac{8p}{\pi Dh} \tag{3-30}$$

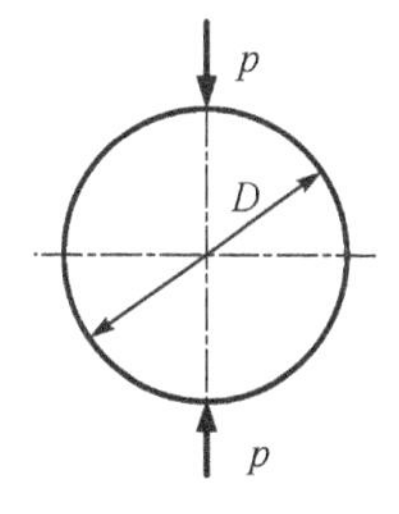

图 3-15　对径受压圆盘

在实验所得的等差线图上，找出对径受压圆盘中心处的条纹级数 N，即可算出材料条纹值为

$$f=\frac{8p}{\pi DN} \tag{3-31}$$

可以看出只要模型上某一点具有理论解，都可以用于进行材料条纹值的确定。由于材料条纹值 f 测量结果的精确与否，直接影响光弹性实验的精确度。考虑到材料受力后的蠕变和温度对 f 值的影响，由开始加载到测定条纹级数的时间间隔以及测定时的温度，应与模型实验时一致。当然如果模型上任意一点可以根据理论解获得，只要这一点的主应力差不为零，根据这一点的条纹级数 N 和主应力差($\sigma_1-\sigma_2$)，利用式(2-17)计算获得的材料条纹值更接近实际工况。

3.6 模型应力换算为原型应力的公式

光弹性实验是利用模型进行应力分析的，所得到的各应力值都是模型中的应力值，因此，需要按相似理论把模型的应力值换算为实际构件的应力值。

对于平面问题（指单连通），应力只与几何形状和外力有关，与材料弹性常数（E、μ）无关，因而模型材料可与原型材料不同，但模型必须与原型几何相似和载荷相似。尺寸比例要根据制作方便和测量精确度要求来选取。载荷比例要根据获得必要的条纹级数和应力不超过材料的比例极限来选取。根据相似原理，模型内任一点的应力 σ_m 与原型相应点的应力 σ_p 的换算公式为

$$\sigma_p=\sigma_m\frac{p_p}{p_m}\frac{L_m h_m}{L_p h_p}=\sigma_m\frac{p_p}{p_m}\frac{S_m}{S_p} \tag{3-32}$$

式中：符号下标 p 表示构件原型，m 表示模型；σ_p 为原型应力；σ_m 为相应点的模型应力；$\frac{p_p}{p_m}$为集中载荷比；$\frac{L_m}{L_p}$为平面尺寸比；$\frac{h_m}{h_p}$为厚度比；$\frac{S_m}{S_p}$为面积比。

对于分布载荷，由于分布载荷的大小已经包含了面积比，应力换算公式为

$$\sigma_p=\sigma_m\frac{q_p}{q_m} \tag{3-33}$$

式中：$\frac{q_p}{q_m}$为对应区域的分布载荷比。

对于自重等体力作用，应力换算公式为

$$\sigma_p=\sigma_m\frac{\gamma_p}{\gamma_m}\frac{L_p}{L_m} \tag{3-34}$$

式中：$\frac{\gamma_p}{\gamma_m}$为体力比。

3.7 三维光弹性的冻结切片法简介

在实际工程中，有一部分立体结构属于平面问题，或可以简化为平面问题。由于实际结构的破坏多从构件表面开始，而构件表面一般可以近似利用平面光弹性处理。尽管如此，但实际上很多结构处在三维应力状态，工程上有时必须测得三维结构的应力分布。

三维问题比平面问题要复杂得多，模型中任一点都具有六个应力分量，而且，每一点的应力都是坐标 x、y、z 的函数。如将这样一个立体模型放入光弹性仪中，光线透射经过一系列的点，而这些点的主应力大小和方向都在变化，这就是三维光弹性实验与平面光弹性实验不同的原因。这里仅对三维光弹性的冻结切片法进行简单介绍。

3.7.1 模型应力状态的冻结

用光弹性材料制成模型，在室温下加载，则模型具有暂时双折射效应，在光弹性仪上即可见到应力条纹图案，如卸掉载荷，则应力条纹图案随即消失。但如按图 3-16 的温度曲线将受

力模型的温度升高到材料的冻结温度(通常为 110～120 ℃) 恒温一定时间(视模型大小而定),然后,再缓慢降至室温即可将模型应力状态固定在模型内,这种方法叫作应力冻结。对已冻结好的模型,可切成薄片或进行任何的机械加工(如锯、铣、锉、磨等),其光学效应不会消失,能保持原来在高温加载时的应力条纹。

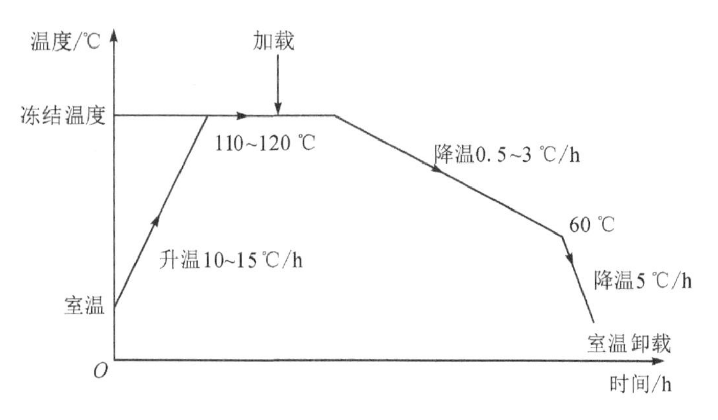

图 3 - 16　冻结温度曲线

3.7.2　模型表面应力状态的获取

很多工程实例只需测定其边界应力。三维模型边界上各点法向正应力为零或为已知值,两剪应力分量为零,是平面应力状态问题,因而用冻结切片法很容易测定边界应力。

对平行于表面的切片,如 xOz 平面的切片,由于属于平面应力状态问题,其分析方法与解平面问题相同。

对垂直于表面的切片可以用正射法和斜射法获得。这里只介绍正射法。

图 3 - 17 为模型边界平行 xOy 和 xOz 平面的切条,切条的宽为 h_z,厚度为 h_y。由于 $\sigma_y=0,\tau_{xy}=0,\tau_{yz}=0$,只需测定 σ_x、σ_z、τ_{xz}。

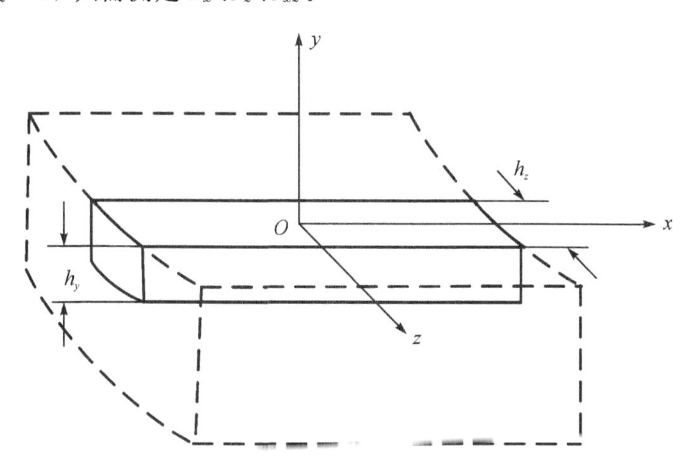

图 3 - 17　表面应力的正射法

光线沿 Oz 轴入射,由于次主应力只有 σ_x,因而可以根据等差线级数 N_z 获得 σ_x 的值:

$$\sigma_x=\frac{N_z f}{h_z} \tag{3-35}$$

当光线沿 Oy 方向入射，根据获得的条纹级数 N_y 和等倾线参数 θ_y 可得

$$\begin{cases}\sigma_x-\sigma_z=\dfrac{N_yf}{h_y}\cos2\theta_y\\ \tau_{zx}=\dfrac{N_yf}{2h_y}\sin2\theta_y\end{cases}\tag{3-36}$$

联立即可获得 σ_x、σ_z、τ_{xz} 的值。

3.7.3　模型内部应力状态的获取

1.模型切片的正射法

做三个几何形状、加载情况和冻结条件完全相同的三维模型，分别在各模型中切出一薄片，使这三个薄片取互相垂直的方位并包含所研究的点。然后，使偏振光分别垂直入射到各薄片上，这样，就能得到一系列的光学资料，从而可计算各次主应力分量。

如对第一个冻结模型，设切片平面在 xOy 平面内，光线沿 Oz 轴方向垂直入射(图 3-18(a))，得：

$$\begin{cases}\sigma_x-\sigma_y=(\sigma_1'-\sigma_2')_z\cos2\theta_z=\dfrac{N_zf}{h_z}\cos2\theta_z\\ \tau_{xy}=\dfrac{1}{2}(\sigma_1'-\sigma_2')_z\sin2\theta_z=\dfrac{N_zf}{2h_z}\sin2\theta_z\end{cases}\tag{3-37}$$

式中：下标 z 表示光线入射方向，N 和 θ 为切片上某点的等差线级数和等倾线参数。

同理，对另外两个冻结模型，分别在 yOz 和 zOx 平面内切出两片薄片，光线分别从 Ox 方向和 Oy 方向垂直入射(图 3-18(b)、(c))，得到 $\sigma_y-\sigma_z$、τ_{yz}、$\sigma_z-\sigma_x$ 和 τ_{zx}。

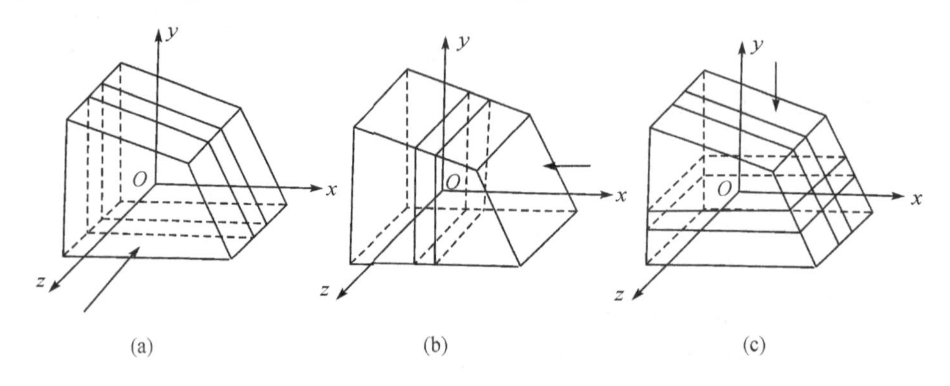

图 3-18　模型切片的正射法

由于有一个方程不独立，所以必须再补充一个方程式才能求解。一般可利用直角坐标系中的一个平衡方程式作为辅助方程，利用类似平面光弹性剪应力差方法求得各应力分量。

此法的优点是，由于实验时光线是垂直入射的，因此可以获得较准确的等差线图和等倾线图。缺点是需要做三个几何形状。载荷情况和冻结条件完全相同的模型，这在实际上不易做到，因此给实验带来一定误差，另外，在模型材料使用上也是不经济的。

2.模型切片的斜射法

模型切片的斜射法是沿所研究的截面切出一薄片，按图 3-19 进行一次正射和两次斜射(斜射必须在与模型材料折射率相同的浸没液缸内进行)，借助一个平衡方程，结合弹性理论

的应力转轴公式进行计算即可获得六个应力分量。

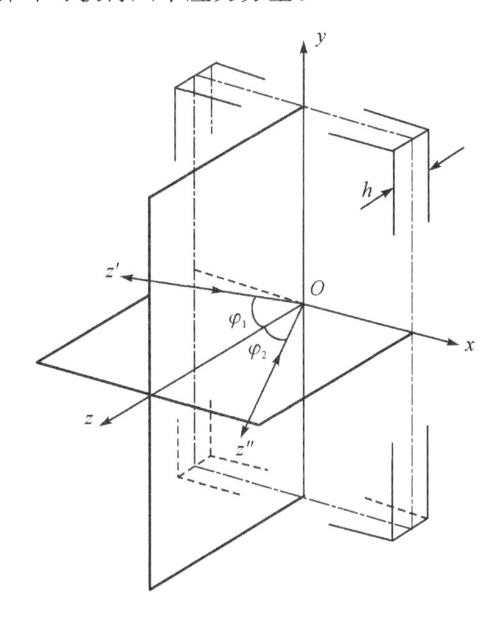

图 3-19 模型切片的斜射法

实验 3.1 光弹性材料条纹值和应力集中系数的测定

实验目的

(1)学会绘制等差线图,确定条纹级数(整数级、半数级和分数级)。
(2)掌握测定材料条纹值和应力集中系数的方法。

仪器设备

光弹性仪一台、标准试件及应力集中试件各一个。

实验方法

(1)调整光弹性仪各镜轴位置,使之成为双正交的圆偏振布置。
(2)调整加载架,安装试件。
(3)绘制等差线图,确定各整数级及 1/2 级条纹级数。
(4)用检偏镜或其它补偿器,确定边界上所求点的分数条纹级数。
(5)用钉压法或其它方法,决定边界应力的符号。
(6)算出标准试件的材料条纹值。
(7)算出应力集中试件的应力集中系数。

实验 3.2 平面光弹性实验

实验目的

(1)掌握绘制等倾线图的方法。
(2)用剪应力差法计算模型中某一断面上的应力分布。

仪器设备

光弹性仪一台、平面应力光弹性模型一个。

实验方法

(1)调整光弹性仪各镜轴位置,在正交平面偏振布置下绘制等倾线图,并注明等倾线角度,在双正交圆偏振布置下绘制等差线图,并确定条纹级数。
(2)用剪应力差法计算某一断面上的应力分布。

习题

1.图 2-16 为纯弯曲梁的等差线图,梁材料的条纹值为 $f=-12500$ N/m,上、下边界的条纹级数为 $N=4.6$,梁高 $h=18$ mm,厚度 $h=3$ mm,求纯弯曲段内截面上的应力分布。

第4章　贴片光弹性法

贴片光弹性法是将具有高应变灵敏度的光弹性材料制成的薄片(简称贴片),用高强度的胶合剂粘贴在预先抛光的具有良好反射性能的构件表面,构件受力变形后,贴片随构件表面一起变形,并产生反映构件表面应变的光学效应,在偏振光下出现干涉条纹,可利用反射式偏光系统进行观察和记录从而计算出构件表面的应变和应力。此种方法不仅能像透射式光弹性法一样,得到整个应力场的分布状况和准确地测定应力集中现象,而且还可以像电阻应变测量方法一样,现场测量实物的表面应变。此外,它不仅可以用来测定各种复杂构件表面的静荷应力,还可以应用于弹塑性应力分析,以及动荷应力、热应力,残余应力和疲劳裂纹扩展的研究。

4.1　反射式光弹性仪

反射式光弹性仪的原理与透射式光弹性仪相似,由起偏镜和四分之一波片形成圆偏振光,可获得等差线,取下四分之一波片可获得等倾线。反射式光弹性仪有以下两种类型。

4.1.1　V型

V型反射式光弹性仪如图4-1(a)所示,光线不沿法向通过贴片,入射光和反射光不沿同一路线。光路的调整与透射式光弹性仪相似。观察到的光弹性效应是被测点附近一定宽度范围内的平均值。

4.1.2　正交型

正交型反射光弹性仪的光路中放置一半反光镜,入射光和反射光都垂直于贴片,如图4-1(b)所示。半反光镜对不同方向入射的偏振光有不同的反射能力,它将原来的圆偏振光椭圆化。为了获得入射贴片的圆偏振光,起偏镜 P 和四分之一波片 Q_1 的夹角已不是45°。在调整光路时,首先将两个四分之一波片的光轴分别置于水平和垂直位置,并使检偏镜 A 的偏振轴与 Q_2 光轴成45°,最后旋转起偏镜 P 至光强最弱,出现暗场。正交型光路中各镜片的光轴如图4-2所示。在此光路中光线经 P 和 Q 后将是一椭圆偏振光,但经半反光镜后形成圆偏

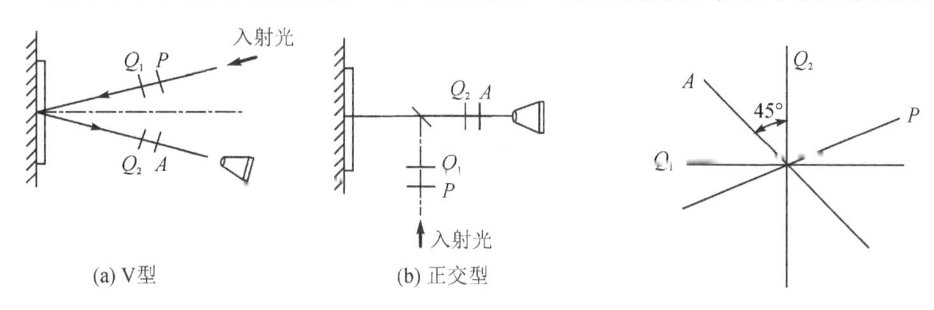

图4-1　反射式光弹性仪　　图4-2　正交型光弹性仪镜片的调整

振光(其基本原理可参考第1章的光学基本知识)。正交型光路中,起偏镜和检偏镜的偏振轴不正交,等倾线的参数由检偏镜的偏振轴的位置确定。

V型光路系统光路简单,调整方便,无光强损失,但入射光与反射光不是经过贴片的一点,对大应力梯度区域会产生一定的测量误差。正交型系统调整麻烦,入射光与反射光都通过贴片一点,不产生斜射的误差,但半反光镜要损失部分光强。

4.2 基本原理

光弹性贴片牢固地粘贴在构件表面,在载荷作用下,假定构件表面的应变完全传递给贴片,因此贴片中各点的应变与构件表面相应点的应变相等,即有

$$\varepsilon_1^c = \varepsilon_1^s, \varepsilon_2^c = \varepsilon_2^s \tag{4-1}$$

式中:附标 c 和 s 分别表示贴片和构件表面。此外,构件自由表面处于平面应力状态,贴片较薄,垂直于表面方向的应力均为零,即

$$\sigma_3^c = \sigma_3^s = 0 \tag{4-2}$$

根据应力与应变之间的关系,在贴片中有

$$\sigma_1^c - \sigma_2^c = \frac{E^c}{1+\mu^c}(\varepsilon_1^c - \varepsilon_2^c) \tag{4-3}$$

式中:E^c 和 μ^c 分别为贴片材料的弹性模量和泊松比。

根据平面应力光学定律,考虑到在反射式偏光系统中,光线通过贴片两次,故在贴片内有

$$\sigma_1^c - \sigma_2^c = \frac{Nf_\sigma}{2h^c} \tag{4-4}$$

式中:f_σ 为贴片材料应力条纹值;N 为等差线条纹级数;h^c 为贴片厚度。

将式(4-4)代入式(4-3),并注意到,$\varepsilon_1^c - \varepsilon_2^c = \varepsilon_1^s - \varepsilon_2^s$,则得

$$\varepsilon_1^s - \varepsilon_2^s = \frac{1+\mu^c}{E^c}\frac{Nf_\sigma}{2h^c} = \frac{Nf_\varepsilon}{2h^c} \tag{4-5}$$

式中:$f_\varepsilon = \frac{1+\mu^c}{E^c}f_\sigma$,称为材料贴片的应变材料条纹值,可以根据材料性能以及贴片材料的条纹值计算获得,也可以通过具有理论解的典型试件获得。

再根据构件表面的应力应变关系,可求得构件表面的主应力差值为

$$\sigma_1^s - \sigma_2^s = \frac{(1+\mu^c)E^s}{(1+\mu^s)E^c}\frac{Nf_\sigma}{2h^c} = \frac{E^s}{(1+\mu^s)}\frac{Nf_\varepsilon}{2h^c} \tag{4-6}$$

根据式(4-5)与式(4-6)分别表示构件表面主应变差和主应力差与等差线条纹级数 N 之间的关系可知,通过反射式偏光系统测得贴片内的等差线条纹级数 N,就可由式(4-5)或式(4-6)计算得到构件表面的主应变差或主应力差。此外和透射式光弹性法一样,亦可测得贴片中的等倾线,从而获得构件表面主应变方向的资料。

4.3 贴片材料应变条纹值的标定

贴片材料的应变条纹值可以根据材料性能(E^c、μ^c)以及贴片材料的条纹值计算获得。一般由具有理论解的典型试件通过实验标定获得。

4.3.1 悬臂梁标定

用金属板条制成悬臂梁，在梁离自由端 l 处贴一光弹性贴片。在自由端用螺旋测微计或其它装置使其产生一挠度，测得挠度 y_0，如图 4-3 所示。

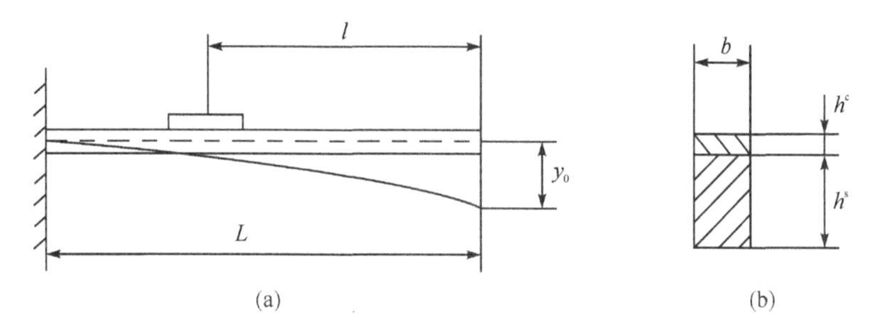

图 4-3　悬臂梁材料条纹值标定

梁表面是单向受力状态，计算获得 l 处轴向和横向应变为

$$\varepsilon_1^s = \frac{3h^s l y_0}{2L^3},\varepsilon_2^s = -\mu^s \frac{3h^s l y_0}{2L^3} \tag{4-7}$$

则主应变差为

$$\varepsilon_1^s - \varepsilon_2^s = (1+\mu^s)\frac{3h^s l y_0}{2L^3} \tag{4-8}$$

用反射式光弹性仪测得 l 处等差线的条纹级数 N。由于弯曲变形使贴片的应变沿贴片厚度线性变化，N 是贴片条纹级数的平均值。所以贴片的平均主应变差需除以修正系数 C_2 才等于梁表面无贴片时的主应变差，即

$$\varepsilon_1^s - \varepsilon_2^s = \frac{1}{C_2}(\varepsilon_1^c - \varepsilon_2^c) = \frac{Nf_\varepsilon}{2C_2 h^c} \tag{4-9}$$

所以

$$f_\varepsilon = \frac{2C_2 h^c(\varepsilon_1^s - \varepsilon_2^s)}{N} = \frac{3(1+\mu^s)C_2 h^c h^s l y_0}{NL^3} \tag{4-10}$$

修正系数 C_2 见 4.6 节。

4.3.2 拉伸试件标定

将厚度为 h^c 的贴片材料制成拉伸试件，并沿试件轴向贴应变片。用透射式光弹性仪测得对应轴向应变 ε_1^c 时的条纹级数 N，则

$$f_\varepsilon = \frac{(1+\mu^s)h^c\varepsilon_1^c}{N} \tag{4-11}$$

4.4 应变分离方法

用反射式光弹性仪对粘贴在受力构件表面的贴片进行测量，可得到主应变差和主应变方向。由此可由试件边界处贴片的条纹级数确定边界应力的大小。但是对于大多数工程结构，只确定边界应力是不够的，往往需要确定构件某个截面的应力分布情况，一般都要通过其它方

法来进行应变(应力)分离。在平面问题中可用前述的剪应力差法,但在一般三维问题中,如板壳等结构,由于横向剪应力的存在,在贴片与构件粘贴面上,常常具有剪应力,而此剪应力又是未知的,因此无法利用剪应力差法。为了分离主应变,通常采用斜射法或条带法以及其它方法。

4.4.1　斜射法

如图 4-4 所示,在贴片内沿观察点主应变方向取坐标 x 和 y,主应变方向可由等倾线测量来确定。当偏振光沿 Oz 方向垂直入射至贴片时,测得等差线条纹级数 N_z,则根据式(4-5)有

$$(\varepsilon_1-\varepsilon_2)=\frac{N_z f_\varepsilon}{2h^c} \tag{4-12}$$

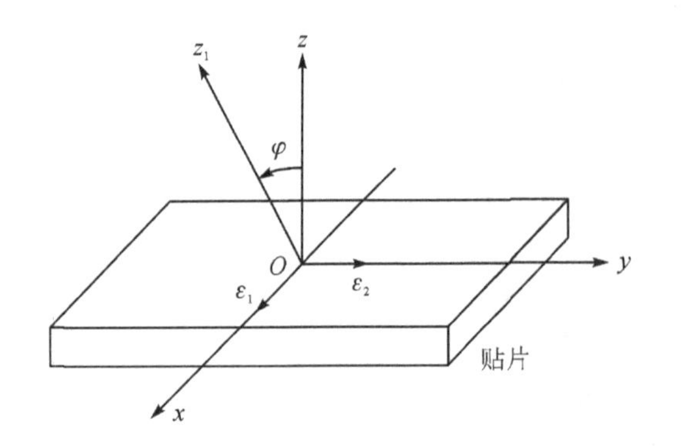

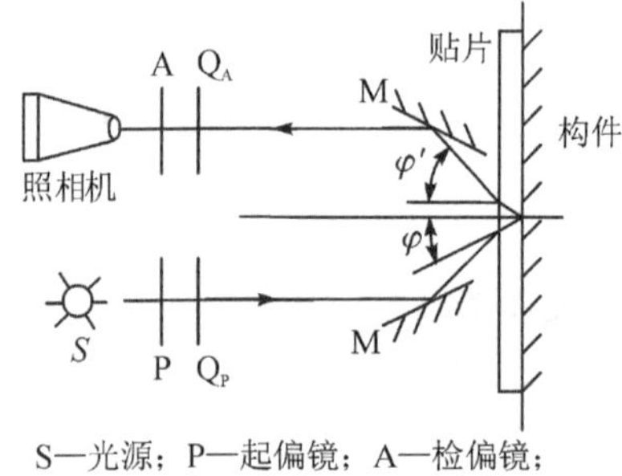

图 4-4　斜射法坐标图

当偏振光沿 Oz_1 方向入射,Oz_1 位于 yOz 平面内,Oz_1 与 Oz 之间夹角为 φ,此时观察到等差线条纹级数为 N_2,则

$$\varepsilon_1-\varepsilon'_2=\frac{N_{z_1} f_\varepsilon}{2h^c}\cos\varphi \tag{4-13}$$

式中:ε'_2 是与 Oz_1 垂直平面内的次主应变,由应变转轴公式可知

$$\varepsilon'_2=\varepsilon_2\cos^2\varphi+\varepsilon_z\sin^2\varphi \tag{4-14}$$

因为贴片处于平面应力状态,所以

$$\varepsilon_z=-\frac{\mu^c}{1+\mu^c}(\varepsilon_1+\varepsilon_2) \tag{4-15}$$

由此可以解出

$$\begin{cases}\varepsilon_1=\dfrac{f_\varepsilon}{2h^c}\,\dfrac{[N_{z1}(1-\mu^c)\cos\varphi-N_z(\cos^2\varphi-\mu^c)]}{(1+\mu^c)\sin^2\varphi}\\[2ex]\varepsilon_2=\dfrac{f_\varepsilon}{2h^c}\,\dfrac{[N_{z1}(1-\mu^c)\cos\varphi-N_z(1-\mu^c\cos^2\varphi)]}{(1+\mu^c)\sin^2\varphi}\end{cases} \tag{4-16}$$

同理,如果沿 Oz_2 方向入射,Oz_2 位于 xOz 平面内,且与 Oz 轴夹角为 φ,观察到的等差线条纹级数为 N_{z_2},则可得

$$\begin{cases} \varepsilon_1 = \dfrac{f_\varepsilon}{2h^c} \dfrac{[N_z(1-\mu^c\cos^2\varphi) - N_{z_2}(1-\mu^c)\cos\varphi]}{(1+\mu^c)\sin^2\varphi} \\ \varepsilon_2 = \dfrac{f_\varepsilon}{2h^c} \dfrac{[N_z(\cos^2\varphi-\mu^c) - N_{z_2}(1-\mu^c)\cos\varphi]}{(1+\mu^c)\sin^2\varphi} \end{cases} \tag{4-17}$$

由此可知，只需进行一次正射和一次斜射，就可以确定应变分量 ε_1 和 ε_2。为了校核实验结果的正确性，常常进行两次斜射，即分别绕两个主应变方向旋转进行斜射，所得结果应该一致。但由于有实验误差，所得结果可能有一定的差异。通常取两次结果的平均值作为测量结果，以提高测量精度。

在采用斜射法时，通常采用图 4－4 所示装置。偏振光经反光镜以一定角度斜射入贴片，由于光线斜向射入贴片，需要考虑折射的影响，对入射角必须进行修正。如果贴片材料的折射率为 n，经反光镜光线的入射角为 φ'，则实际的入射角度 φ 满足公式 $\sin\varphi = \dfrac{\sin\varphi'}{n}$。

4.4.2　条带法

在构件表面沿某一方向（如 Ox 方向）粘贴相互平行的一系列狭长条带贴片（图 4－5），当条带的厚度是宽度的几倍时，由于贴片的不连续，条带只反应与其轴平行方向的表面应变，而对横向（Oy 方向）和剪切应变几乎不予反应，因此近似地有

$$\varepsilon_x = \frac{N_x f_\varepsilon}{2h^c} \tag{4-18}$$

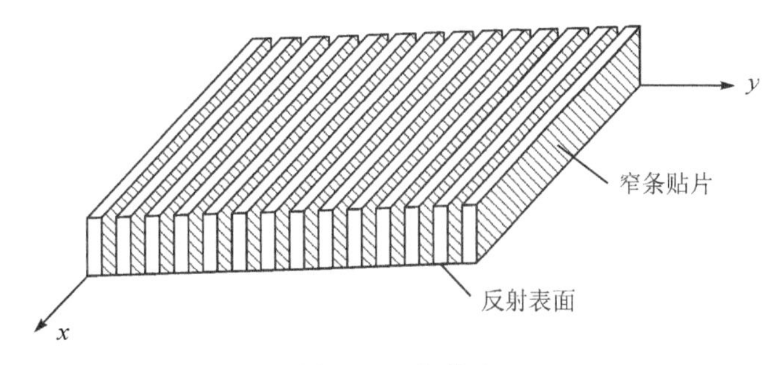

图 4－5　条带法

由式(4－18)可看出条带中呈现的条纹级数正比于平行条带方向的线应变。如果平行条带的间距很小，则在各条带中出现的条纹呈现出连续条纹的形式。

利用条带法分离应变可用下面的途径得到。

(1)利用三个不同方向的条带贴片，组成类似于电阻应变测量中的应变花，求得三个方向的线应变，然后再求得各主应变及其方向。

(2)利用一沿 Ox 方向的条带贴片测量条纹级数 N_x，求得 ε_x，再利用一连续贴片测得条纹级数 N 及主应变与 Ox 轴夹角 θ，根据应变转换公式可得到

$$\begin{aligned} \varepsilon_1 &= \frac{f_\varepsilon}{2h^c}(N_x + N\sin^2\theta) \\ \varepsilon_2 &= \frac{f_\varepsilon}{2h^c}(N_x - N\cos^2\theta) \end{aligned} \tag{4-19}$$

此外如果构件表面的主应变方向已知，则沿主应变方向布置条带贴片，就可直接测得主应变了。

4.5 贴片材料的制作与贴片黏结工艺

4.5.1 贴片材料的制作

贴片所用的材料除具有一般光弹性材料的特点外，还应应变光学灵敏度高，使其在低应力测量时亦具有较好精度；应变比例极限和应变-光学比例极限高，以便用于测量大变形或塑性问题；弹性模量低，可用于非金属构件的测量。

目前贴片材料一般采用环氧树脂和聚碳酸酯。环氧树脂选用 618#，增塑剂一般选用邻苯二甲酸二丁酯，固化剂选用三乙烯四胺。材料的重量配比为 618# 环氧树脂：邻苯二甲酸二丁酯：三乙烯四胺＝ 100：5：10。

模具采用金属板或玻璃板，平放在可调的三个支承螺钉上，使其水平板上覆盖一层聚苯乙烯或聚氯乙烯薄膜。模框用硅橡胶条或橡皮条。根据制作贴片的体积，算出并称出各原料用量待用。环氧树脂预热到 50 ℃，加入邻苯二甲酸二丁酯，搅拌均匀，在 80 ℃下静置一定时间排净气泡。待冷却到 45 ℃左右倒入三乙烯四胺，缓慢搅拌，防止发生气泡。而后倒入预热到 50 ℃的模具。在室温下固化 2～3 h 直至材料半固化，将薄膜与贴片一起取出。剪成所需形状，将贴片覆盖在涂有油脂的构件表面，用吹风机微微均匀加热，贴片软化并与构件表面严密贴合，在室温下约 24 h 材料完全固化。

4.5.2 贴片黏结工艺

贴片粘贴时所用黏结剂要求黏结强度高，能很好地传递应变，仍可采用与贴片材料配方相同的环氧树脂胶，为增加反射能力可加入 15%～20%铝粉。

黏结强度不仅与黏结剂有关，而且和构件表面的处理情况有关，进行清洗和腐蚀处理后的金属表面可以获得较高的黏结强度。贴片时将构件表面用砂纸打光，清洗干净，而后均匀地涂上一薄层黏结剂。放置去油脂的贴片，挤出多余的胶和气泡，固化后即可进行试验。

4.6 加强效应与厚度效应

4.6.1 加强效应及其修正

当贴片牢固地粘贴在构件表面后，构件受力变形，贴片随之变形，承受少量载荷，使构件的表面应变比没有贴片时更小；此外由于构件表面法向应变梯度的影响，使贴片沿厚度的应变平均值不等于构件的表面应变。由于贴片的存在，构件表面和贴片之间的上述影响统称为加强效应。由于加强效应的影响，贴片的条纹值不能直接反应出构件的表面应变，在实际应用中应予以修正。在许多情况下可以计算出贴片引起的加强效应并确定出修正系数。下面给出平面应力问题和平板弯曲问题加强效应的修正系数 C。

1.平面应力问题

假设构件处于平面应力状态，构件表面贴有贴片。从中取一小单元体称为组合单元体，其上作用力如图 4-6 所示，根据作用于此单元体上的内力与作用于无贴片时单元体上的内力

相等的条件，以及平面问题的应力应变关系，可得

$$\varepsilon_1^s-\varepsilon_2^s=\frac{1}{C_1}(\varepsilon_1^c-\varepsilon_2^c) \tag{4-20}$$

式中：

$$\frac{1}{C_1}=1+\frac{h^c}{h^s}\frac{E^c}{E^s}\frac{1+\mu^s}{1+\mu^c} \tag{4-21}$$

式中：C_1 称为平面应力加强效应修正系数。

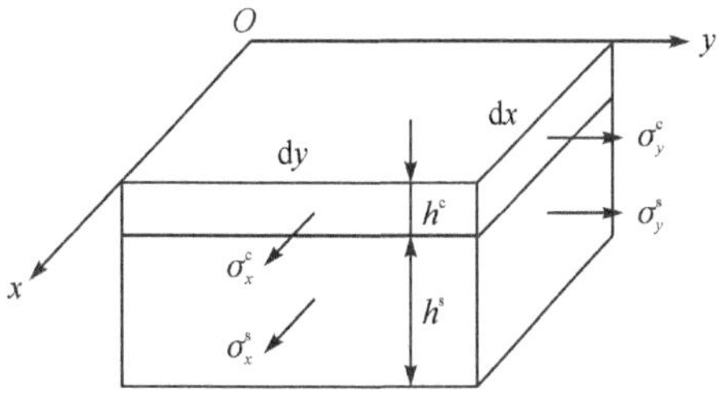

图 4-6　平面应力效应

2.平板弯曲问题

在弯曲问题中，与平面问题不同之处在于还必须考虑到由于贴片的存在中性层的位置将发生变化以及应力沿贴片厚度是不均匀的。如一厚度为 h^s 的平板受弯矩作用，如图 4-7 所示，同样根据有贴片与无贴片单元体上力与弯矩相等的条件，和应力应变关系可以得到

$$\varepsilon_1^s-\varepsilon_2^s=\frac{1}{C_2}(\varepsilon_1^c-\varepsilon_2^c) \tag{4-22}$$

式中：

$$\frac{1}{C_2}=\frac{1+\alpha\beta}{1+\alpha}\left[4(1+\alpha\beta^3)-\frac{3\,(1-\alpha\beta^2)^2}{1+\alpha\beta}\right]$$
$$\alpha=\frac{E^c}{E^s}\frac{1-(\mu^s)^2}{1-(\mu^s)^2},\quad \beta=\frac{h^c}{h^s} \tag{4-23}$$

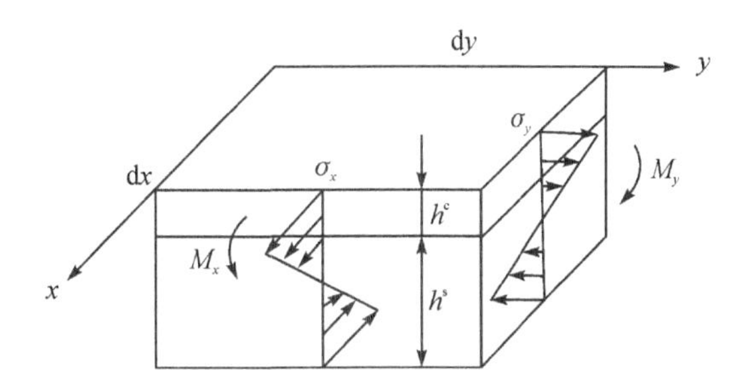

图 4-7　平板弯曲效应

3.厚度效应

贴片的变形由构件表面的黏结剪应力传递，它使传递的剪应力区域沿贴片厚度的应变发生变化，使得贴片的平均应变小于构件表面应变，这种影响称为厚度效应。传递变形的剪应力只在离贴片周边 2～3 倍贴片厚度的区域内，通常不考虑厚度效应。因在一般情况下贴片边界和构件黏结边界处有相同的位移条件，因而贴片内部的变形状况也被唯一确定了。

对于因受力而弯曲的薄板和薄壳，贴片同样可以被当作由构件给定边界条件的弹性体，因而具有和构件相同的位移解，只需边界范围内剪切力的存在就足以维持整个贴片和构件的连续性了，因此也不具有厚度效应。

但对于一般三维问题或弹塑性问题，贴片的应变分布是不能由位移边界条件唯一地确定的，因而必须考虑厚度效应的影响。

此外由于构件材料和贴片材料的泊松比不同，也将使贴片的应变和构件表面的应变有所不同。这种影响在构件和贴片的边界上比较显著，在其它区域通常是可以不考虑的。

实验 4.1　贴片光弹性法实验

实验目的

掌握反射式光弹性仪的使用,了解贴片法的原理与应用。

实验要求

(1)通过一典型试验,测量贴片的等差线与等倾线。
(2)用斜射法分离应力,计算某一截面的应力分布。

第5章　散射光弹性法

散射光弹性法是将光的散射原理应用于光弹性实验研究,它是解决平面问题和三维问题的另一种有效的光弹性方法。对于一般的平面问题,应用散射光弹性法可以较简捷地分离各应力分量,而当用于三维模型应力分析时,可不必切片,这样就可重复使用模型;在加载装置不影响观察的情况下,不需要冻结,即可以排除由于冻结给实验带来的误差。应用散射光弹性法解决轴对称问题和扭转问题是比较迅速和有效的。

散射光弹性法的原理很早就被提出,但由于光源太弱以及实验技术上的某些困难,过去一直没有得到广泛的应用。自从激光光源出现以来,由于它有足够的光强和良好的单色性,大大促进了散射光法的发展和应用。散射光法与其它实验技术配合,如全息照相术或散斑效应结合起来,有可能可以更有效地解决三维模型的静应力和动应力问题。

5.1　光的散射

当光线通过透明介质时,沿光线传播方向的侧面也可看到光线,此种现象称为光的散射,所见到的光线称为散射光。

下面讨论光在各向同性介质中的散射。

5.1.1　普通光散射

在垂直于入射光传播方向的横切面内散射光是平面偏振光,且在横切面内各个方向振幅相等。如图5-1(a)所示,普通光沿 Oz 方向传播,在 xOy 平面内的任何方向观察时,均可看到光强相等的散射光。

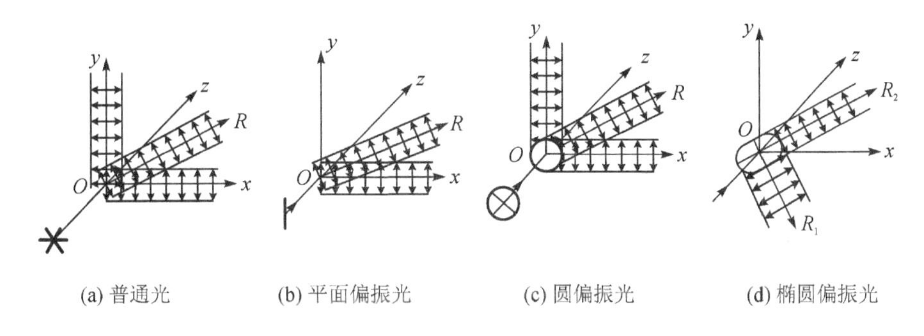

图5-1　光在各向同性介质中的散射特性

5.1.2 偏振光的散射

当入射光为偏振光时，在垂直于入射光传播方向的横切面内，散射光是平面偏振光。散射光的强度与垂直于观察方向的光波振幅的平方成正比。

图 5-1(b)为平面偏振光入射。振动面与 yOz 面平行的平面偏振光沿 Oz 方向传播，当沿着 x 方向观察时，散射光最强。在 xOy 平面内沿任意方向 R 观察时，散射光强减弱。沿着 y 方向观察时，散射光强为零，看不见光。

图 5-1(c)为圆偏振光入射。在 xOy 平面内的任何方向 R 观察时，散射光强相同，和普通光入射情况相似。

图 5-1(d)为椭圆偏振光入射。在 xOy 平面内观察时散射光强度随观察方向而改变，由 R_1 方向观察时，散射光强最强；由 R_2 方向观察时，散射光强最弱；其它方向观察到的光强居于两者之间。

5.2 偏振光在双折射介质中的散射

5.2.1 平面偏振光入射

如图 5-2 所示，从光源发出的平面偏振光经过双折射介质中 O 点。在 O 点取直角坐标系，Oz 为光线入射方向，Ox、Oy 表示双折射介质中相互垂直的两次主应力 σ_1' 和 σ_2' 方向（或主应力方向）。设入射平面偏振光与 x 轴(σ_1')倾斜成 α 角，在 O 点分解成平行于两主轴的分量 u_x 和 u_y，并以不同速度沿模型中 OO_1 线通过。光线沿 OO_1 前进时，两分量之间的相位差 δ 将随之改变，在点 O 处 $\delta=0$，在 O 与 O_1 之间的各点，由于 u_x 和 u_y 的相位差不同，其合成光的

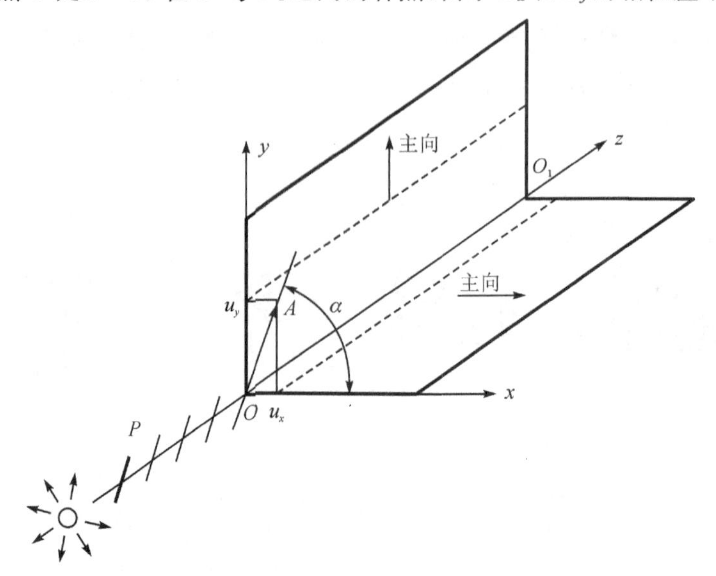

图 5-2 平面偏振光在双折射介质中的传播

偏振方向将偏离原来偏振方向，依次形成椭圆偏振光、圆偏振光等。在起始点 O 处的关系是最简单的，沿垂直入射方向 Oz 去观察，散射光强度有最大值，且平行于 A，其散射光强是零。平行于 y 轴看到的是平面偏振光 u_x，而平行 x 轴观察到的散射光是平面偏振光 u_y。在所有其它方向都是这两个分量 u_y 和 u_x 的合成光。总之，垂直于 z 轴观察 $O-O_1$ 之间的各点，其散射光的强度都与下列因素有关：

(1)入射偏振光偏振方向的方位角 α；

(2)观察点，平面偏振光 u_x 和 u_y 之间的相位差；

(3)垂直于 z 轴的平面中的观察方向。

若入射平面偏振光的振动方程为

$$u = A\sin\omega t \tag{5-1}$$

当光线射入双折射介质时，沿两主轴分解为两个分量：

$$\begin{aligned} u_x &= \gamma A\cos\alpha\sin\omega t \\ u_y &= \gamma A\sin\alpha\sin\omega t \end{aligned} \tag{5-2}$$

式中：γ 为与材料的散射光性质和光源波长有关的散射光系数。

由于这两束偏振光进入双折射介质后，其速度不同，一束将比另一束快。设光线传播到某一位置时两偏振光的光程差为 Δ（对应相位差 $\delta=\frac{2\pi}{\lambda}\Delta$），于是有

$$\begin{aligned} u_x &= \gamma A\cos\alpha\sin(\omega t+\delta) \\ u_y &= \gamma A\sin\alpha\sin\omega t \end{aligned} \tag{5-3}$$

消去时间 t，整理可得：

$$\left(\frac{u_x}{\gamma A\cos\alpha}\right)^2 + \left(\frac{u_y}{\gamma A\sin\alpha}\right)^2 - 2\frac{u_x u_y\cos\delta}{\gamma^2 A^2\sin\alpha\cos\alpha} = \sin^2\delta \tag{5-4}$$

式(5-4)一般为椭圆方程。

(1)当 $\delta=0$，即 $\Delta=0$ 时，式(5-4)变为直线方程：

$$\frac{u_x}{\cos\alpha} = \frac{u_y}{\sin\alpha} \tag{5-5}$$

(2)当 $\delta=\frac{\pi}{2}$，即 $\Delta=\frac{\lambda}{4}$ 时，式(5-4)变为正椭圆方程：

$$\left(\frac{u_x}{\gamma A\cos\alpha}\right)^2 + \left(\frac{u_y}{\gamma A\sin\alpha}\right)^2 = 1 \tag{5-6}$$

(3)当 $\delta=\pi$，即 $\Delta=\frac{\lambda}{2}$ 时，式(5-4)变为与式(5-5)不同方向的直线方程：

$$\frac{u_x}{\cos\alpha} = -\frac{u_y}{\sin\alpha} \tag{5-7}$$

一般地说，式(5-4)所表示的是以 δ 为参数的光椭圆。由式(5-4)可以把光在双折射介质中的振动形式列成表 5-1。

表 5－1　光在双折射介质中的振动形式

α	$\delta(\lambda)$								
	0	$\frac{1}{8}$	$\frac{2}{8}=\frac{1}{4}$	$\frac{3}{8}$	$\frac{4}{8}=\frac{1}{2}$	$\frac{5}{8}$	$\frac{6}{8}=\frac{3}{4}$	$\frac{7}{8}$	1
0°									
0<α<45°									
45°									
45°<α<90°									
90°									

由表 5－1 可见，两分量间只有在一定相位差时才是线性的，即 0、$\frac{\lambda}{2}$、λ 等。在所有其它数值时都是椭圆振动，但在 $\alpha=45°$时为圆偏振。因为相位差在入射处从零开始向前连续变化，以相同方式随光线传播而增长，各种振动形式总是按光程差增加一个波长后再重复，对于($\Delta+\lambda$)，得到与 Δ 相同的偏振形式。

如果从垂直于原入射光的任意方向去观察散射光，则经该点的振动形式只是在垂直于观察方向的直线上的投影才是有效的。如图 5－3 所示，设观察方向与 x 轴成 θ 角，则观察到的散射光强度是 u_x 和 u_y 在垂直于观察方向的 $R—R$ 线上的投影，其值是：

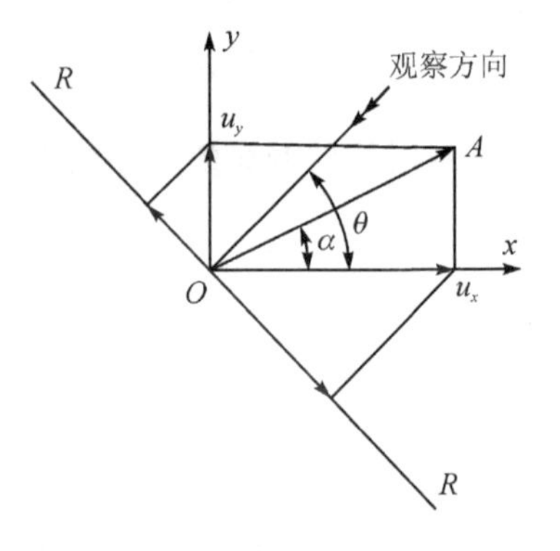

图 5－3　平面偏振光入射光强示意图

$$
\begin{aligned}
u_R &= u_x\sin\theta - u_y\cos\theta \\
&= \gamma A\cos\alpha\sin\theta\sin(\omega t+\delta) - \gamma A\sin\alpha\cos\theta\sin\omega t \\
&= \gamma A(\cos\alpha\sin\theta\cos\delta - \sin\alpha\cos\theta)\sin\omega t + \gamma A\cos\alpha\sin\theta\sin\delta\cos\omega t
\end{aligned}
$$

散射光强为

$$
I_R = K\left(\sin^2\alpha\cos^2\theta + \cos^2\alpha\sin^2\theta - \frac{1}{2}\sin2\alpha\sin2\theta\cos\delta\right) \tag{5-8}
$$

式中：K 为比例常数，与入射平面偏振光的振幅、频率和光弹性模型材料的散射性能有关。

式(5－8)是平面偏振光入射时散射光强的一般表达式。很显然，散射光强受相位差 δ(或光程差 Δ)、入射光振动方向与 σ_1' 方向的夹角 α 以及观察方向与 σ_1' 方向的夹角 θ 的控制。当 α 和 θ 确定以后，光强只是相位差 δ 的周期函数。一般来说，δ 值是沿光传播方向逐点改变的，这样就会出现连续的明暗条纹，形成散射条纹图。

5.2.2　圆偏振光入射

当入射光为圆偏振光时，由于圆偏振光可在任意两正交方向上分解为振幅相等、相位差为 $\pi/2$ 的两束平面偏振光，故当光线透过模型后，沿 $Ox(\sigma_1')$ 和 $Oy(\sigma_2')$ 方向的波动方程可写为

$$u_x = \gamma A\cos45^\circ\cos(\omega t + \delta)$$
$$u_y = \gamma A\sin45^\circ\sin\omega t$$

式中：δ 为两束光之间由于沿 $Ox(\sigma_1')$ 和 $Oy(\sigma_2')$ 的传播速度不同而产生的相位差。当沿 R 方向观察时，在垂直于 R 方向合成光波为

$$\begin{aligned} u_R &= u_x\sin\theta - u_y\cos\theta \\ &= \frac{\gamma A}{\sqrt{2}}[\sin\theta\cos(\omega t + \delta) - \cos\theta\sin\omega t] \\ &= \frac{\gamma A}{\sqrt{2}}[\sin\theta\cos\delta\cos\omega t - (\sin\theta\sin\delta + \cos\theta)\sin\omega t] \end{aligned}$$

散射光强为

$$I_R = K(1 + \sin2\theta\sin\delta) \tag{5-9}$$

式中：K 为比例常数。由该式可以看出，当圆偏振光入射时，散射光强只与相位差 δ 和观察角 θ 有关。

5.3　散射光弹性的应力光学定律

如图 5-4 所示，一束平面偏振光入射到有应力的光弹性模型上时，假设在光传播的行程内，模型次主应力方向不变，入射光沿着次主应力 σ_1' 和 σ_2' 方向分解为两束平面偏振光，由于 $\sigma_1' \neq \sigma_2'$，两束偏振光在模型内传播过程中将产生光程差。当在垂直于入射光传播方向观察时，由于散射光是平面偏振光，其作用如同检偏镜一样，故可观察到散射干涉条纹，反映了光程差沿光路 S 的积累过程。和一般三维光弹性法一样，散射条纹级数和次主应力的关系为

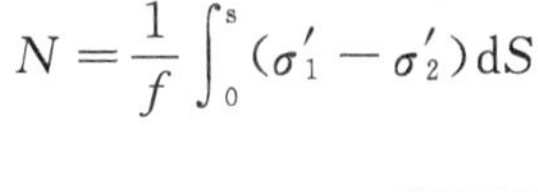

$$N = \frac{1}{f}\int_0^s (\sigma_1' - \sigma_2')\mathrm{d}S$$

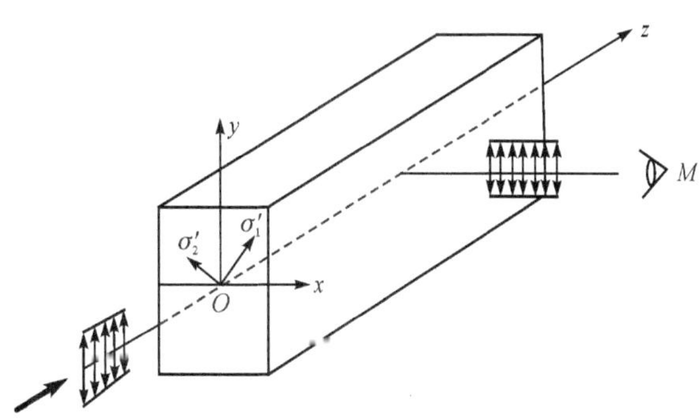

图 5-4　受力模型的散射

或

$$\sigma_1' - \sigma_2' = f\,\frac{\mathrm{d}N}{\mathrm{d}S} \tag{5-10}$$

近似地可用

$$\sigma_1' - \sigma_2' = f\,\frac{\Delta N}{\Delta S}$$

式中：f 为材料条纹值；ΔN 为与光程间隔 ΔS 对应的条纹级数增量。如令 $\Delta N=1$，则 ΔS 就代表散射条纹图中相邻两条纹之间的距离。

式(5-10)即为散射光弹性法的应力光学定律。由此可见，在散射光法中可以观察到沿光路光程差积累的过程，而透射式光弹性法中观察到的是各点沿厚度的最后积累光程差；此外，散射光法中光路上各点次主应力差的大小和散射条纹级数沿光路方向的变化率成正比，而与该点的绝对条纹级数无关。

以上建立的次主应力差与条纹变化率的关系式只适用于次主应力方向沿光路不变的情况。对光路上次主应力方向旋转的情况，应加以修正。即

$$\sigma_1' - \sigma_2' = f\,\frac{\Delta N}{\Delta S}\,\frac{1}{\sqrt{1+(\Delta\beta/\pi)^2}} \tag{5-11}$$

式中：$\Delta\beta$ 是两个相距 ΔS 的平面内的次主应力方位相对旋转角。当主应力方向变化缓慢，如相邻两条纹之间次主应力旋转角小于 30°时，其误差不超过 1.5%，可以不必修正。

5.4 次主应力方向和次主应力差的确定

5.4.1 次主应力方向的确定

对于平面偏振光入射，由式(5-8)可以看出，当 $\alpha=\theta=0$ 或 $\alpha=\theta=\frac{\pi}{2}$ 时，散射光强 I_R 与光程差无关，恒等于 0。即当偏振光的振动方向与观察方向重合且与某一次主应力方向重合时出现均匀暗带，由此可以确定次主应力方向。应先固定偏振光轴和观察方向，使二者重合，然后绕入射光传播轴旋转模型，当模型中出现均匀暗带时，观察方向为偏振光轴方向同时为某一次主应力方向。实际模型中次主应力方向有可能变化，但由于次主应力方向一般变化缓慢，所以只要局部产生缓慢变化的暗带时，暗带所在位置的某一次主应力方向即为观察方向。

对于圆偏振光入射，由式(5-9)可以看出，当 $\theta=0$ 或 $\theta=\frac{\pi}{2}$ 时，散射光强与光程差无关，恒等于常数 K。即当观察方向与某一次主应力方向重合时出现均匀亮带，由此可以确定次主应力方向。绕入射光传播轴旋转模型，或观察方向绕模型变化，当模型中出现均匀亮带时，视向亦即为某一次主应力方向。同样只要局部产生缓慢变化的亮带时，亮带所在位置的某一次主应力方向即为观察方向。

5.4.2 次主应力差的确定

对于平面偏振光入射，当次主应力方向不变时，由式(5-8)可以看出，当 $\alpha=\theta=\frac{\pi}{4}$ 时，

$$I_R = \frac{1}{2}K(1-\cos\delta) = K\sin^2\frac{\delta}{2} \tag{5-12}$$

即当偏振轴方向与观察方向重合且与次主应力方向成 45°角时，散射光光强与 α 和 θ 无关，仅取决于相位差 δ，此时散射条纹图对比度最大，因而是最清晰的，通常以此作为测量条纹变化率的依据。在光线进入模型的外边界上，条纹级数为零，其它级数依此类推。

对于圆偏振光入射，当次主应力方向不变时，由式(5-9)可以看出，当 $\theta=\frac{\pi}{4}$时

$$I_R = K(1+\sin\delta) \tag{5-13}$$

此时，光强只与相位差 δ 有关，也能得到清晰的散射条纹图。

事实上，当次主应力方向发生变化时，散射条纹的间距仍然和相位差 δ 有关，只是条纹的清晰度变差。同样由于次主应力方向一般变化缓慢，观察方向或次主应力方向有些微偏差时，仍然可以用条纹级数的变化率确定次主应力差。

5.5　实验装置

散射光弹性法(简称散射光法)实验装置如图 5-5 所示。

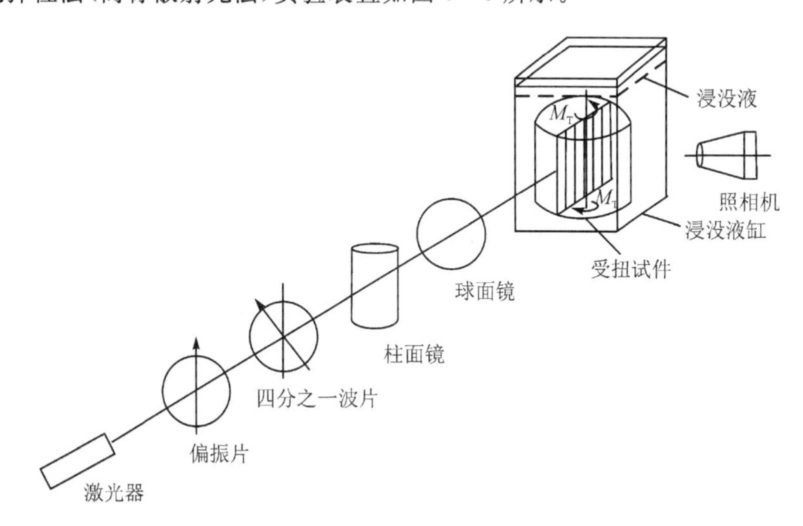

图 5-5　实验装置示意图

光源：一般可用氦氖气体激光器，波长为 6328 Å，对于功率的要求视模型尺寸大小而定。如能有波长更短的氩离子激光器作光源，则输出功率高，效果更好。

起偏镜：用于产生或确定入射偏振光的偏振方向。

四分之一波片：用于产生圆偏振光。

透镜系统：可采用柱面透镜使激光光源的“点入射”转变为“片入射”，球面透镜是为了准直用的，根据不同的需要可以采用不同直径和不同焦距的透镜组合，以使“光片”在模型内部发散程度尽量小。

浸没液缸及模型控制台：模型通常置于具有相同折射系数的浸没液中，以防止在入射光不垂直于模型边界时产生的反射和折射。浸没液缸可用玻璃或有机玻璃制成，缸内设有夹持模

型的装置,以使模型能绕水平轴或垂直轴转动。浸没液缸置于控制台上,控制台最好能做三个坐标方向的移动。

在一般情况下,观察装置可采用近拍照相机拍摄。有时在边缘部分或因条纹过密或过稀需要补偿,则可采用逐点观察法,利用能垂直和左右移动的读数显微镜,逐点读数,此时光源常采用点入射,以增加光的强度,易于判别。

5.6 散射光法简单实验

如图 5-6 所示,假设拉伸试件的截面积为 F,拉力为 p,则试件内部将产生均匀的拉应力 $\sigma_1=\frac{p}{F}$,拉应力方向平行于拉伸方向。和试件表面垂直的方向的应力为零。如图 5-6(a)所示,如果入射偏振光的振动方向平行于拉伸方向,则入射偏振光进入试件后将不发生分解,仅在 σ_1 方向有分量,也就不产生相位差。垂直于试件表面将看到均匀的亮带。如果以入射光方向为轴,改变观察方向,沿着入射光方向仍然看不到条纹,只是光强逐渐变弱。转动 90°,当观察方向转动到和拉伸方向平行时,光强为零,将看到均匀的暗带。可以看出这种光路布置,将不能得到主应力的大小,但可以得到主应力方向。

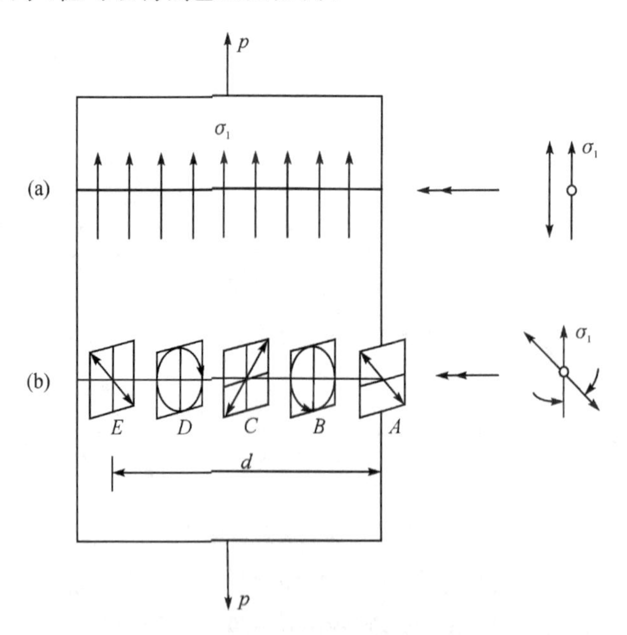

图 5-6 散射光法轴向拉伸实验

如图 5-6(b)所示,如果入射偏振光的偏振方向与主应力方向成 45°布置,则入射偏振光将沿拉应力及其垂直方向分解为两束偏振光。由于两个方向的应力不同,这两束偏振光将会以不同速度在试件内传播。入射表面的相位差为零,随着入射光在试件内的传播,其相位差将逐渐增大。刚进入模型 A 点时,相位差为 0;在 B 点是 $\frac{\pi}{2}$,即光程差为 $\frac{\lambda}{4}$;C 点是 π,即光程差为$\frac{\lambda}{2}$；直到 E 点为 2π，即光程差为 λ。由这些相差可知，在 B 点和 D 点，产生圆振动；在 C 点产生平面偏振光，但相对于入射时的偏振方向已转了 $90°$；在 E 点又回到原来的情况。在所有其它中间位置，振动形式是一个椭圆。由于是均匀拉伸，故在模型中看到的是一些等距离的明暗相间的条纹。

5.7　散射光弹性法的应用

5.7.1　平面问题

采用散射光法或配合透射法，可以简捷地给出平面问题各应力分量。

在平面模型中，如图 5-7 所示坐标系统，待求应力分量为 σ_x、σ_y 和 τ_{xy}，当入射光沿 x 方向射入模型，由于 $\sigma_z=0$，$\tau_{yz}=0$，则

$$\sigma_y = f\frac{\Delta N_x}{\Delta x} \tag{5-14}$$

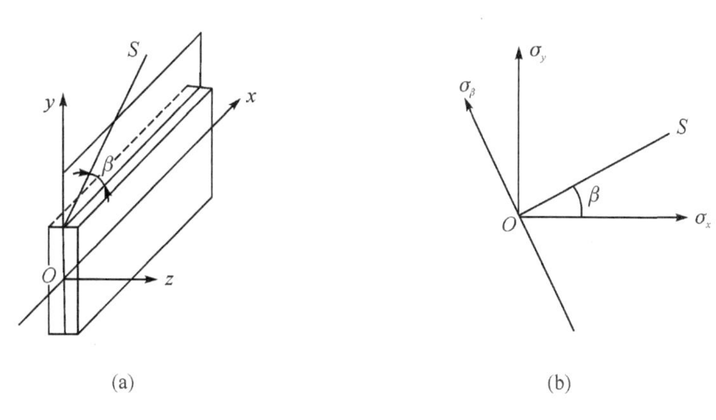

图 5-7　一般平面问题

同理，沿 y 方向入射，可得：

$$\sigma_x = f\frac{\Delta N_y}{\Delta y} \tag{5-15}$$

在 xOy 平面内沿 S 方向作一次斜射，设 S 方向与 x 轴夹角为 β，可得：

$$\sigma_\beta = f\frac{\Delta N_S}{\Delta S} \tag{5-16}$$

式中：σ_β 是和入射方向 S 垂直的截面内的正应力，由弹性力学中的转轴公式有

$$\sigma_\beta = \sigma_x \sin^2\beta + \sigma_y \cos^2\beta + \tau_{xy}\sin 2\beta \tag{5-17}$$

由此可得剪应力 τ_{xy} 的值。

剪应力 τ_{xy} 的值还可以利用透射光弹性法获得。

由上述可见，若主应力方向已知，则入射光沿某一主应力方向入射，就可以直接得到另一主应力的值。这在求对称截面或边界上的应力时尤为方便。

5.7.2 构件表面问题

在很多情况下最危险的应力存在于构件的表面，而构件表面往往是平面应力状态，即在无外载的表面上垂直于表面的应力为零。但是在构件内部并不一定是平面应力状态，一般是三维应力状态。因此观察方法和上面有所不同。一般是经过分析(实验或理论)找出边界点的主应力方向。

如图 5－8 所示，假如已知结构表面附近的主应力方向，建立坐标系。首先用圆偏振光作为入射光沿 z 轴入射，可得图 5－9 所示的散射光弹性条纹图。根据表面附近条纹级数变化率，可得对应的主应力差：

$$(\sigma_1-\sigma_2)_c=f\left(\frac{\Delta N_z}{\Delta z}\right)_c \tag{5-18}$$

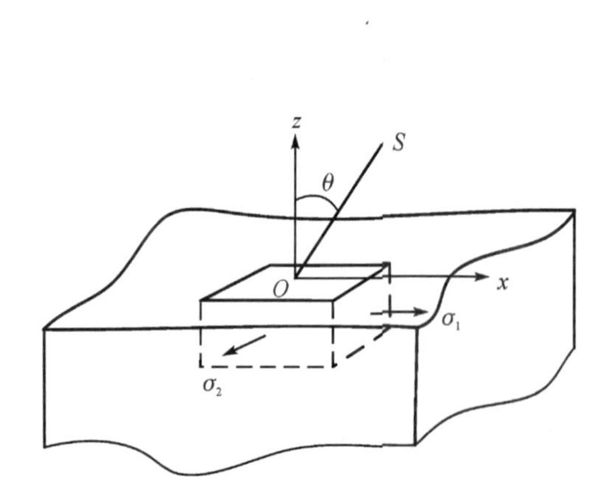

图 5－8 构件表面应力的确定

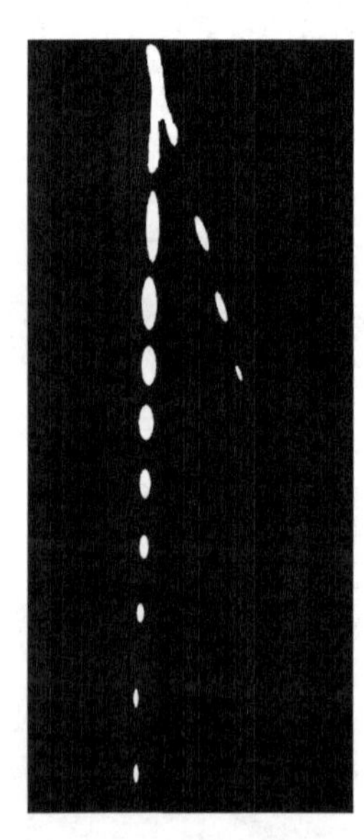

图 5－9 散射光弹性条纹图

当光线在 xOz 平面内与 z 轴成 θ 角入射时，可以得出

$$(\sigma_s-\sigma_2)_c=\pm f\left(\frac{\Delta N_s}{\Delta s}\right)_c \tag{5-19}$$

式中：σ_s 为垂直于入射光方向 S 的次主应力，$\sigma_s=\sigma_1\cos^2\theta$，代入可得：

$$\sigma_1=f\left(\frac{\Delta N_z}{\Delta z}\pm\frac{\Delta N_s}{\Delta s}\right)_c/\sin^2\theta \tag{5-20}$$

由此可以求出构件表面的应力状态。如果主应力方向不知道，可以采用一次垂直入射、多次斜射的方法求表面应力状态。

5.7.3 轴对称问题

在轴对称问题中，如图 5－10 所示，采用圆柱坐标系 r、θ、z，剪应力 $\tau_{r\theta}$ 和 $\tau_{\theta z}$ 均为零。只有 σ_r、σ_θ、σ_z 和 τ_{rz} 待求。

当入射光平行于 z 轴入射,可得:

$$\sigma_r - \sigma_\theta = f\frac{\Delta N_z}{\Delta z} \tag{5-21}$$

当入射光平行于 r 轴入射,可得:

$$\sigma_\theta - \sigma_z = f\frac{\Delta N_r}{\Delta r} \tag{5-22}$$

当入射光方向 S 与 r 轴成 β 角,并在 rOz 平面内(图 5-10),则在与入射方向 S 垂直的截面内有:

$$\sigma_\theta - \sigma_\beta = f\frac{\Delta N_s}{\Delta S} \tag{5-23}$$

根据应力转轴公式:

$$\sigma_\beta = \sigma_r\sin^2\beta + \sigma_z\cos^2\beta + \tau_{rz}\sin 2\beta \tag{5-24}$$

为了分离各正应力,仍可借助于平衡微分方程采用剪应力差法进行计算。

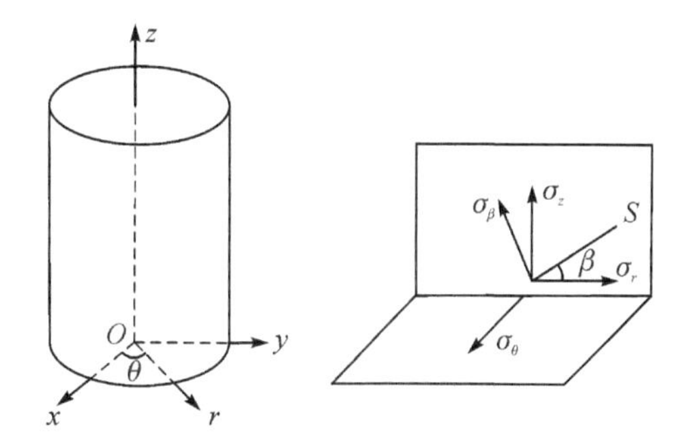

图 5-10　轴对称问题的求解

5.7.4　扭转问题

1.棱柱形杆的扭转

如图 5-11 所示的棱柱形杆在扭矩作用下,根据弹性力学分析可知 $\sigma_x=0$,$\sigma_y=0$,$\sigma_z=0$ 和 $\tau_{xy}=0$。只有应力分量 τ_{zx} 和 τ_{yz} 待求,且 τ_{zx} 和 τ_{yz} 只是 x 和 y 的函数。次主应力方向和柱形杆的母线成 45°角。为了用散射光法确定 τ_{zx} 和 τ_{yz},只需一个横截面就够了。偏振光垂直于杆轴方向入射,其振动方向平行于杆轴方向,观察方向也沿杆轴的方向,如沿 y 轴方向入射,

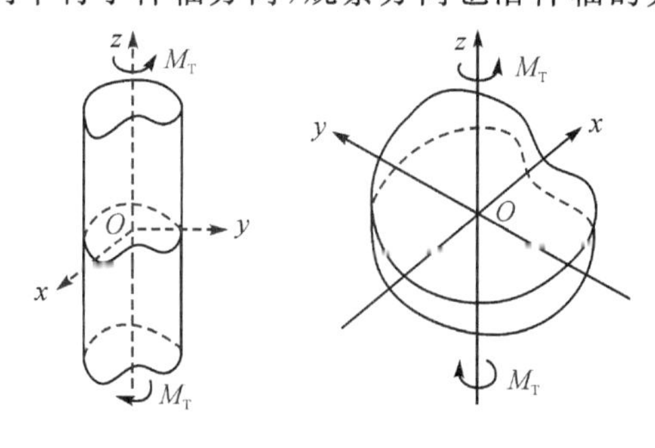

图 5-11　等截面杆的扭转

则有：

$$\tau_{zx}=\frac{f}{2}\frac{\Delta N_y}{\Delta y} \tag{5-25}$$

同理，如果沿 x 轴方向入射，则有：

$$\tau_{zx}=\frac{f}{2}\frac{\Delta N_x}{\Delta x} \tag{5-26}$$

也可以利用任意一次入射，加上平衡公式$\frac{\partial \tau_{zx}}{\partial x}+\frac{\partial \tau_{yz}}{\partial y}=0$求解。

2.变截面圆轴的扭转

图 5-12 所示变截面圆轴，根据弹性力学分析可知 $\sigma_r=\sigma_\theta=\sigma_z=0$ 和$\tau_{rz}=0$，只有应力分量 $\tau_{r\theta}$和 $\tau_{z\theta}$待求，且 $\tau_{r\theta}$和 $\tau_{z\theta}$是 z 和 r 的函数。为了确定这些分量，显然只研究一个轴截面就足够了，在径向和杆轴方向照射这一截面，如图 5-12 所示，次主应力和轴截面的法线成 45°角，取偏振光的振动方向和观察方向与截面的法线方向重合，此时可观察到最清晰的条纹图。

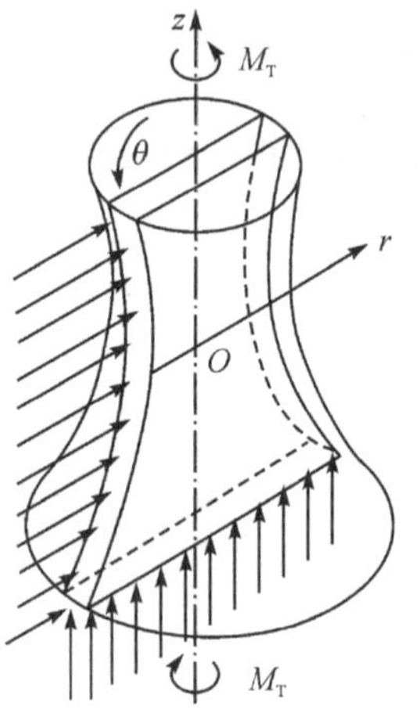

当沿 r 方向在 rOz 平面内入射，则有

$$\tau_{z\theta}=\frac{f}{2}\frac{\Delta N_r}{\Delta r} \tag{5-27}$$

当沿 z 方向入射，则有

$$\tau_{r\theta}=\frac{f}{2}\frac{\Delta N_z}{\Delta z} \tag{5-28}$$

图 5-12　变截面杆的扭转

由此可以求出所有应力分量。

实验 5.1　散射光法实验

实验目的

掌握散射光法光路调整，了解散射光法的原理与应用。

实验要求

(1)测量等截面轴扭转时的应力分布。

(2)将实验结果与理论结果进行比较。

第6章　全息光弹性法

自从20世纪60年代初激光器问世以后，人们开始将单色性好、相干性强的激光光源用于全息干涉法，并和光弹性法结合，逐步形成全息光弹性法。

本章主要介绍平面全息光弹性的基本理论和实验技术。平面全息光弹性和普通光弹性相比，由于普通平面光弹性只能测取等差线与等倾线两组数据，为了得到全部应力分量，通常还需要用剪应力差法、数值迭代法等进行繁琐的数学计算，同时由于等倾线的弥散和计算中的累积误差，实验精度也往往受到限制；而用全息光弹性方法则能很方便地获得等差线与等和线再加上等倾线就可得到全部的平面应力分量。全息光弹性法，精度较高，计算简便，试验周期短，特别是提供了主应力和(等和线)的资料是这个方法的最大优点。

用全息光弹性方法测取等和线，必须采用两次曝光法，即通过参考光把模型受力前后的两个物光波(指各点的振幅和相位)同时记录在同一张全息底片上。再现时，由于再现的是两个物光波的干涉，就以干涉条纹的形式把物体厚度变化的情况反映出来，这样便得到等和线。全息干涉术的两次曝光法是全息光弹性的基础。

6.1　全息照相

6.1.1　全息照相的记录和再现

普通照相是物体光波通过透镜成像在底片上，在底片上可以得到和物体光强一一对应的像。而光强的分布只与光波的振幅有关，因此普通照相只能记录物体光波的振幅信息，而不能记录物体光波的相位信息。但是任何一个光波的性质都是由振幅和相位两个因素决定的，这就使得普通照相只能记录一个反映光强的平面图，而不能给出反映相位或光程的空间性质。

全息照相和普通照相不同，它是利用光的干涉将物体光波的全部信息即振幅和相位记录在底片上，得到全息图。再利用光的衍射，在一定的条件下使物体光波再现，由于同时记录了物体表面三维位置和光强的信息，因此可得到逼真的三维图像，这种既记录振幅又记录相位的照相称为全息照相。用于全息照相记录的典型光路如图6-1所示，其中(a)为记录不透明物体的反射光所用光路，(b)为记录通过透明物体的透射光所用光路。一束相干性很好的光，被分光镜分为两束相干光，其中一束经反光镜并扩束后照射到物体，再经物体反射或透射至全息底片，该束光称为物光。另一束光经反光镜并扩束后直接照到全息底片上，称之为参考光。物光和参考光在全息底片上相遇，发生干涉，形成一幅非常复杂的干涉条纹图，并由全息底片记录下来。将曝光后的全息底片经显影定影处理后，即得到全息图。在全息图上记录的是复杂的干涉条纹图，虽然看不到原来物体的形象，但是却包含了物体光波的全部信息。

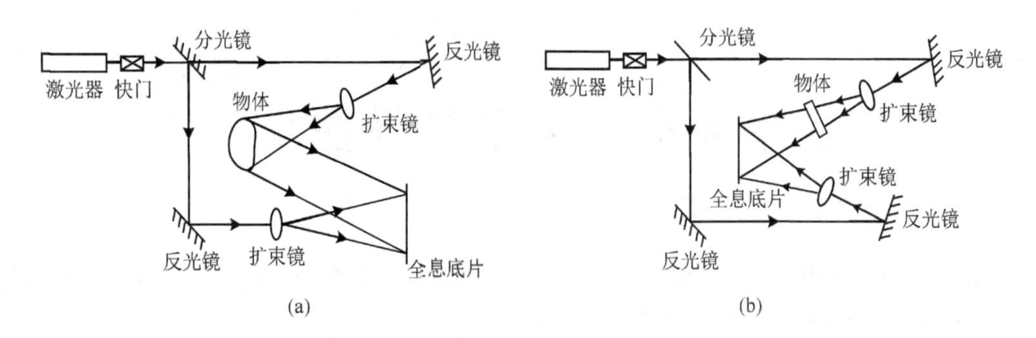

图 6-1 全息照相光路图

再现时(图 6-2),把经过显影处理的全息底片复位,再用原参考光照射,在底片的另一侧沿着原来物光波前进方向的相反方向观察,在原物体位置看到完全逼真的原物体的虚像。

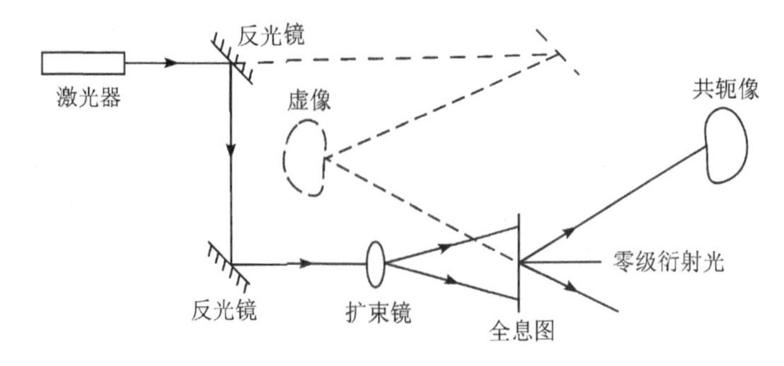

图 6-2 全息照相再现光路图

了解全息照相的一般成像规律对于拍好和观察一张全息照片是必需的。下面首先简单分析一下记录过程。

在全息照相中,实际上的物光波波面是很复杂的,因为它是由物体表面无数点反射的球面波组成的。为了便于分析,我们用最简单的平面波来代替物光波(简记为 u_o)和参考光波(简记为 u_r)。由物理学可知,当这两束光满足相干条件,则在底片上进行波的叠加,波峰相遇处,光强倍增,波峰和波谷相遇处,光强相消;因此在底片上就记录了黑白相间的干涉条纹(图 6-3)。

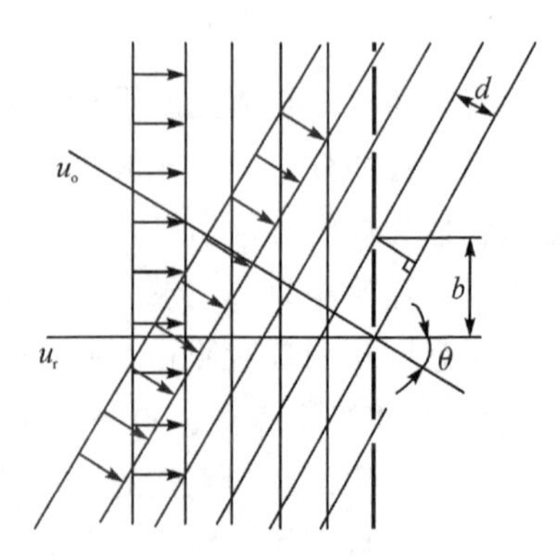

图 6-3 两束平面波的干涉

由此可见,条纹间距是波长量级,且与两束光的夹角有关。在拍摄全息图时可根据式(6-1)估算记录介质应该具有的分辨率。

当用一束相干光照射上述底片时,即可看到平行光栅的衍射效果,如图 6-4 所示。

根据相邻条纹的光程差为一个波长 λ 的整数倍,条纹的间距为 b,则

$$b=\frac{\lambda}{\sin\theta} \tag{6-1}$$

当平面光 u_r 照射光栅时,除直接透射沿原方向前进的零级衍射波外,还有两个一级衍射波在零级衍射波的两侧。一级衍射波是由相邻两狭缝衍射光相互加强而形成的,光强加强的

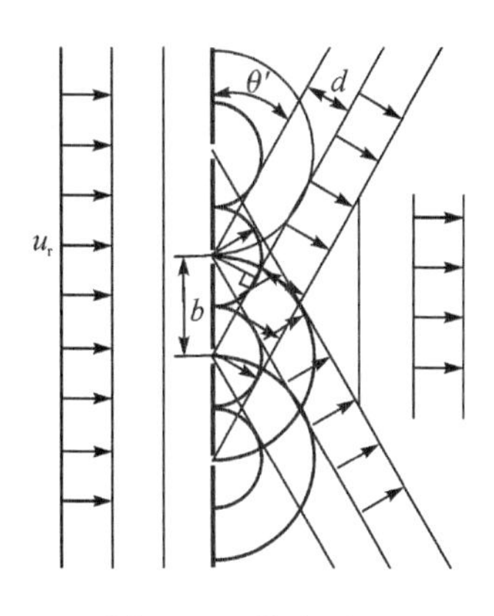

图 6 - 4　物光再现

条件是光程差为一个波长。设 θ' 为一级衍射波前进的方向角，则由图 6 - 4 可知：

$$\sin\theta' = \frac{\lambda}{b}$$

由此可以看出 $\theta' = \theta$，即衍射波前进的方向正是形成光栅时物光的入射方向，实现了物光的再现。

6.1.2　全息照相的基本原理

一束光波可用波动方程表示为

$$u = a\cos(\omega t + \varphi) \tag{6-2}$$

式中：a 为振幅；ω 为圆频率；φ 为相位。考虑到欧拉方程，波动方程可用复数表示为

$$u = \mathrm{Re}(a\mathrm{e}^{\mathrm{i}\omega t}\mathrm{e}^{\mathrm{i}\varphi}) \tag{6-3}$$

通常使用单色光，ω 相同，当讨论的问题只涉及相位改变时，推导时因子 ωt 可略去，另外习惯上亦把实部的符号“Re”略去，则光波可用复数表示为

$$u = a\mathrm{e}^{\mathrm{i}\varphi} \text{ 或 } u = a\mathrm{e}^{-\mathrm{i}\varphi} \tag{6-4}$$

假设投射到全息底片上的物光波其复光波方程为 $u_o = a_o\mathrm{e}^{\mathrm{i}\varphi_o}$，参考光的复光波方程为 $u_r = a_r\mathrm{e}^{\mathrm{i}\varphi_r}$。当物光与参考光同时到达全息底片，合成光波的复光波方程为

$$u = u_o + u_r = a_o\mathrm{e}^{\mathrm{i}\varphi_o} + a_r\mathrm{e}^{\mathrm{i}\varphi_r}$$

对应此光波的光强为

$$I = uu^* = u_o u_o^* + u_r u_r^* + u_o^* u_r + u_o u_r^* = a_o^2 + a_r^2 + a_o a_r\mathrm{e}^{\mathrm{i}(\varphi_o - \varphi_r)} + a_o a_r\mathrm{e}^{-\mathrm{i}(\varphi_o - \varphi_r)} \tag{6-5}$$

式中：u^* 是 u 的共轭复光波。上式也可写成

$$I = a_o^2 + a_r^2 + 2a_o a_r\cos(\varphi_o - \varphi_r) \tag{6-6}$$

由式(6 - 5)或式(6 - 6)可以看出，全息底片上记录有包含物光的振幅和相位的信息，且每一点的光强受物光与参考光相位差的余弦调制，在全息底片上形成了一幅条纹密集的全息图。

设曝光时间为 t，则底片上接受的曝光量为 $E = It$，底片经显影定影处理后，当光线射到底片上时，一部分光透射，一部分光吸收，设振幅透射率为 T。在一定的曝光量范围内，振幅透射率 T 与曝光量 E 成线性关系，为方便可取比例常数为 1，因此可有

$$T = It$$

当再现时,用参考光 $u_r = a_r e^{i\varphi_r}$ 照射全息底片,则透过底片的复光波为

$$U = Tu_r = Itu_r = t(a_o^2 + a_r^2)a_r e^{i\varphi_r} + ta_o a_r^2 e^{i\varphi_o} + ta_o a_r^2 e^{-i(\varphi_o - 2\varphi_r)} \tag{6-7}$$

上式中的第一项含有 $e^{i\varphi_r}$ 项,代表通过全息底片后沿参考光方向进行的光波,即零级衍射波。第二项和第三项是振幅相等的两束光波,它们分别沿两个不同的方向前进且对称于零级衍射波的方向,是两个一级衍射波。其中第二项是和物光 $a_o e^{i\varphi_o}$ 成比例的,其传播方向与原物光的传播方向一致,是物光的再现。第三项是物光的共轭光波,其相位与原物光波相反。这三个光波对应于图 6-4 中的三个光波。

6.1.3 实验装置及实验技术

全息照相基本实验装置包括激光器、隔振系统、光学元件以及记录介质等。

激光器是最重要的一件设备,用来得到相干光,光强要有足够强度以便照明所研究的区域和缩短曝光时间。通常使用氦氖激光器,波长为 6328 Å,功率为 5～20 mW。

全息照相的一个突出要求是整个拍摄装置必须防振,将全息照相装置置于隔振台上,防止模型和光学元件受到实验室地面的任何振动或运动的影响。因为干涉条纹的间距为光波波长量级,极为细密,如拍摄装置受外界振动的影响,条纹在曝光时会发生移动,得不到清晰的全息图。另外由于在试验过程中要施加载荷,故隔振台既要防振,又要具有足够的刚性。一个典型的隔振台由支承在软弹簧系统上的一块大质量的花岗岩、混凝土或钢平台组成。隔振台的台面和防振措施可因地制宜进行设计。

拍摄全息图的光学元件如图 6-1 所示,主要包括反光镜、分光镜、扩束镜等,没有过高的质量要求。

记录介质要求分辨率高,以分辨极精细的条纹。分辨率为 3000 条/毫米的全息底片,可以满足用氦氖激光器为光源的全息照相需要。亦可以采用光导热片作为记录介质,此时拍摄全息图时,全部操作过程都可在有照明的情况下进行。而利用银盐乳胶作为记录介质时,拍摄全息图需在暗室中进行,但可用暗绿光照明。

曝光后的全息底片需经显影定影处理。

当防振和相干条件满足后,即可采用图 6-1 所示光路拍摄全息图,为了得到一张良好的全息图,还需在照相技术上注意下面几点。

(1)在布置光路时,尽量使从分光镜到全息底片的物光和参考光光程相等,其光程差必须在激光器的相干长度以内。

(2)参考光和物光的光强比要合适,一般取 1∶1 到 10∶1,以(2～5)∶1 较好。

(3)参考光和物光的夹角不宜过大,一般在 20°～30°为宜,否则会对底片的分辨率要求过高。

6.2 全息光弹性方法

在全息光弹性中采用透射全息照相技术,利用全息干涉不仅能测得反映主应力方向的等

倾线、反映主应力差的等差线，同时还能测得反映主应力和的等和线，以及反映绝对光程差的等程线，由此模型上各点的应力分量就可以通过简单的计算而独立地求得。

在全息光弹性分析中常采用两次曝光法、实时法、图像全息法等。图 6 - 5 给出了全息光弹的基本光路图。

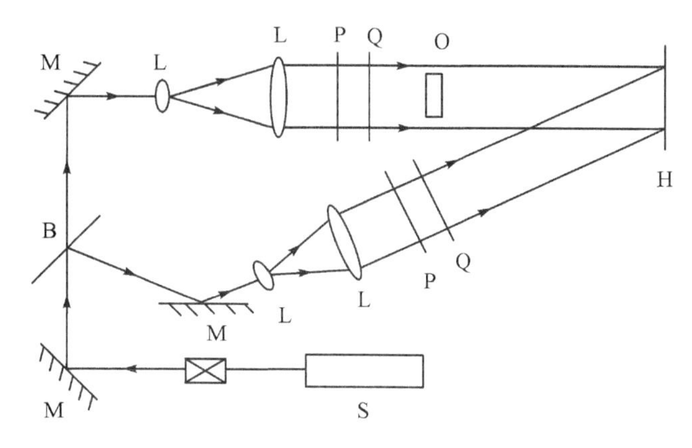

S—激光器；M—反射镜；L—透镜；P—偏振镜；Q—四分之一波片；
O—加载装置和模型；H—全息底片或图像采集装置。

图 6 - 5　全息光弹的光路图

6.2.1　两次曝光法

1.平面偏振光场光强基本方程

在平面偏振光场中，参考光和物光都是平面偏振光，两束光的振动平面互相平行，设通过未受力模型的复光波方程为

物光：

$$u_o = a_o e^{i\varphi_o}$$

参考光：

$$u_r = a_r e^{i\varphi_r}$$

则模型受力前第一次曝光就是透明物体的全息照相，其光强方程如式(6 - 5)

$$I = a_o^2 + a_r^2 + a_o a_r e^{i(\varphi_o - \varphi_r)} + a_o a_r e^{-i(\varphi_o - \varphi_r)}$$

设第一次曝光时间为 t_1，则第一次曝光量为 $E_1 = It_1$。

模型加载后，通过受力模型的物光可以看成是两束互相垂直的偏振光，此两束偏振光振幅不同，且具有相位差。设原始物光和参考光的振动方向相同且与模型第一主应力方向的夹角为 ψ，φ_1 和 φ_2 分别为原始物光在第一和第二主应力方向上产生的相位变化，则通过模型后的物光为

$$\begin{cases} u_{o1} = a_o \cos\psi e^{i\varphi_1} \\ u_{o2} = a_o \sin\psi e^{i\varphi_2} \end{cases} \tag{6 - 8}$$

参考光：

$$\begin{cases} u_{r1} = a_r \cos\psi e^{i\varphi_r} \\ u_{r2} = a_r \sin\psi e^{i\varphi_r} \end{cases} \tag{6 - 9}$$

脚标 1 和 2 分别表示沿第一和第二主应力方向。到达全息底片的光强为

$$I_2=(u_{o1}+u_{r1})(u_{o1}^*+u_{r1}^*)+(u_{o2}+u_{r2})(u_{o2}^*+u_{r2}^*)$$

代入并整理可得

$$I_2=a_o^2+a_r^2+a_oa_r\mathrm{e}^{-\mathrm{i}\varphi_r}(\cos^2\psi\mathrm{e}^{\mathrm{i}\varphi_1}+\sin^2\psi\mathrm{e}^{\mathrm{i}\varphi_2})+a_oa_r\mathrm{e}^{\mathrm{i}\varphi_r}(\cos^2\psi\mathrm{e}^{-\mathrm{i}\varphi_1}+\sin^2\psi\mathrm{e}^{-\mathrm{i}\varphi_2}) \quad (6-10)$$

设第二次曝光时间为 t_2，曝光量为 $E_2=I_2t_2$。两次曝光后的全息底片经过显影定影处理后振幅透射率为

$$T=E_1+E_2=I_1t_1+I_2t_2$$

再现时用参考光 $u_r=a_r\mathrm{e}^{\mathrm{i}\varphi_r}$ 照射全息底片，透射的光波为

$$\begin{aligned}U&=(t_1+t_2)(a_o^2+a_r^2)a_r\mathrm{e}^{\mathrm{i}\varphi_r}+a_oa_r^2[t_1\mathrm{e}^{\mathrm{i}\varphi_o}+t_2(\cos^2\psi\mathrm{e}^{\mathrm{i}\varphi_1}+\sin^2\psi\mathrm{e}^{\mathrm{i}\varphi_2})]+\\&\quad a_oa_r^2\mathrm{e}^{\mathrm{i}2\varphi_r}[t_1\mathrm{e}^{-\mathrm{i}\varphi_o}+t_2(\cos^2\psi\mathrm{e}^{-\mathrm{i}\varphi_1}+\sin^2\psi\mathrm{e}^{-\mathrm{i}\varphi_2})]\\&=U_1+U_2+U_3\end{aligned}$$

根据前面的分析可知，第二项为再现物光光波，光强为

$$\begin{aligned}I&=U_2U_2^*\\&=t_2^2a_o^2a_r^4\left[\begin{aligned}&\frac{t_1^2}{t_2^2}+\cos^4\psi+\sin^4\psi+2\frac{t_1}{t_2}\cos^2\psi\cos(\varphi_1-\varphi_o)+2\frac{t_1}{t_2}\sin^2\psi\cos(\varphi_2-\varphi_o)\\&+2\sin^2\psi\cos^2\psi\cos(\varphi_1-\varphi_2)\end{aligned}\right]\end{aligned}$$

令 $S=a_o^2a_r^4$，$K=\dfrac{t_1}{t_2}$，$\delta_1=\varphi_1-\varphi_o$，$\delta_2=\varphi_2-\varphi_o$，$\delta=\varphi_1-\varphi_2$，整理后得到

$$I=t_2^2S\left[K^2+\frac{3}{4}+\frac{1}{4}\cos4\psi+2K\cos^2\psi\cos\delta_1+2K\sin^2\psi\cos\delta_2+2\sin^2\psi\cos^2\psi\cos\delta\right] \quad (6-11)$$

由式(6-11)可以看出，此时得到的光强条纹图包含着三组条纹，即等程线 δ_1 和 δ_2 以及等差线 δ_3，同时还与偏振光的振动方向与主应力的偏转角度 ψ 有关。

如果 $\psi=0$，即偏振光的振动方向与 σ_1 的方向重合，则

$$I=t_2^2S[K^2+1+2K\cos\delta_1] \quad (6-12)$$

如果 $\psi=\dfrac{\pi}{2}$，即偏振光的振动方向与 σ_2 的方向重合，则

$$I=t_2^2S[K^2+1+2K\cos\delta_2] \quad (6-13)$$

由此可以获得沿第一或第二主应力方向的等程线 δ_1 和 δ_2。

当 $K=0$，即 $t_1=0$，这时只有第二次曝光，对应的光强方程为

$$I=t_2^2S\left(\frac{3}{4}+\frac{1}{4}\cos4\psi+2\sin^2\psi\cos^2\psi\cos\delta\right) \quad (6-14)$$

这时得到两组条纹，在 $\psi=0$ 和 $\psi=\dfrac{\pi}{2}$ 的那些点上将获得等倾线，在整个视场内将获得等差线。这一情况与普通光弹性中起偏镜和检偏镜平行的情况相似。

如果参考光与物光的偏振方向互相垂直，改变参考式(6-9)与式(6-8)的相对方向，则有

$$I=t_2^2S\sin^22\psi(1-\cos\delta) \quad (6-15)$$

此情况与普通光弹性中起偏镜与检偏镜相互垂直的情况相似。

2.圆偏振光场光强基本方程

利用图 6-5 所示装置，原始物光与参考光通过四分之一波片后构成旋向相同的圆偏振光，模型加载前第一次曝光原始物光经过四分之一波片被分解成两束互相垂直的偏振光，并具有$\frac{\pi}{2}$的相位差，再经过模型相位变化为 φ_o，则物光可表示为

$$\begin{cases} u_{o1}=\dfrac{a_o}{\sqrt{2}}e^{i\varphi_o} \\ u_{o2}=\dfrac{a_o}{\sqrt{2}}e^{i(\varphi_o-\frac{\pi}{2})} \end{cases}$$

参考光为

$$\begin{cases} u_{r1}=\dfrac{a_r}{\sqrt{2}}e^{i\varphi_r} \\ u_{r2}=\dfrac{a_r}{\sqrt{2}}e^{i(\varphi_r-\frac{\pi}{2})} \end{cases}$$

第一次曝光所得到的光强为

$$I_1=a_o^2+a_r^2+a_oa_re^{i(\varphi_o-\varphi_r)}+a_oa_re^{-i(\varphi_o-\varphi_r)}$$

设第一次曝光时间为 t_1，曝光量 $E_1=I_1t_1$。

模型加载后进行第二次曝光。经过受力模型的物光是两束平面偏振光，具有不同的相位变化，相位变化由四分之一波片和受力模型引起，设 φ_1 和 φ_2 分别为受力模型在第一和第二主应力方向上引起的相位变化，则物光可表示为

$$\begin{cases} u_{o1}=\dfrac{a_o}{\sqrt{2}}e^{i\varphi_1} \\ u_{o2}=\dfrac{a_o}{\sqrt{2}}e^{i(\varphi_2-\frac{\pi}{2})} \end{cases}$$

第二次曝光时的光强为

$$I_2=a_o^2+a_r^2+\frac{1}{2}a_oa_re^{-i\varphi_r}(e^{i\varphi_1}+e^{i\varphi_2})+\frac{1}{2}a_oa_re^{i\varphi_r}(e^{-i\varphi_1}+e^{-i\varphi_2})$$

设第二次曝光时间为 t_2，曝光量 $E_2=I_2t_2$。

再现时，当用参考光 $u_r=a_re^{i\varphi_r}$ 照射全息底片，透射光波为

$$U=(t_1+t_2)(a_o^2+a_r^2)a_re^{i\varphi_r}+a_oa_r^2(t_1e^{i\varphi_o}+\frac{1}{2}t_2e^{i\varphi_1}+\frac{1}{2}t_2e^{i\varphi_2})+$$
$$a_oa_r^2e^{i2\varphi_r}(t_1e^{-i\varphi_o}+\frac{1}{2}t_2e^{-i\varphi_1}+\frac{1}{2}t_2e^{-i\varphi_2})$$

式中第二项为物光波再现，其光强为

$$I=t_2^2S\left[K^2+\frac{1}{2}+K\cos(\varphi_1-\varphi_o)+K\cos(\varphi_2-\varphi_o)+\frac{1}{2}\cos(\varphi_1-\varphi_2)\right] \tag{6-16}$$

当用相位差表示时，且略去比例常数，则

$$I=K^2+\frac{1}{2}+K\cos\delta_1+K\cos\delta_2+\frac{1}{2}\cos\delta$$

$$I=K^2+\frac{1}{2}+2K\cos\frac{\delta_1+\delta_2}{2}\cos\frac{\delta}{2}+\frac{1}{2}\cos\delta \tag{6-17}$$

式中：K、S、δ、δ_1 和 δ_2 的定义同之前平面偏振光场推导时给出的定义。式(6－17)即为同旋向圆偏振光中两次曝光再现光强的基本方程。

当 $K=0$ 时

$$I=\frac{1}{2}(1+\cos\delta)$$

此时只能观察到等差线条纹，此情况与普通光弹性中圆偏振光装置的亮场情况一致。

如果原始物光与参考光通过四分之一波片后构成旋向相反的圆偏振光，模型加载前第一次曝光原始物光经过四分之一波片被分解成两束互相垂直的偏振光，并具有$\frac{\pi}{2}$的相位差，再经过模型相位变化为 φ_o，则物光可表示为

$$\begin{cases} u_{o1}=\dfrac{a_o}{\sqrt{2}}e^{i\varphi_o} \\ u_{o2}=\dfrac{a_o}{\sqrt{2}}e^{i(\varphi_o-\frac{\pi}{2})} \end{cases}$$

参考光为

$$\begin{cases} u_{r1}=\dfrac{a_r}{\sqrt{2}}e^{i\varphi_r} \\ u_{r2}=\dfrac{a_r}{\sqrt{2}}e^{i(\varphi_r+\frac{\pi}{2})} \end{cases}$$

第一次曝光的光强为常数 $I_1=a_o^2+a_r^2$，不产生条纹，对第二次曝光没有影响。

模型加载后进行第二次曝光。经过受力模型的物光是两束平面偏振光，具有不同的相位变化，相位变化由四分之一波片和受力模型引起，设 φ_1 和 φ_2 分别为受力模型在第一和第二主应力方向上引起的相位变化，则物光可表示为

$$u_{o1}=\frac{a_o}{\sqrt{2}}e^{i\varphi_1}$$

$$u_{o2}=\frac{a_o}{\sqrt{2}}e^{i(\varphi_2-\frac{\pi}{2})}$$

第二次曝光的光强方程可表达为

$$I_2=a_o^2+a_r^2+\frac{1}{2}a_oa_re^{-i\varphi_r}(e^{i\varphi_1}-e^{i\varphi_2})+\frac{1}{2}a_oa_re^{i\varphi_r}(e^{-i\varphi_1}-e^{-i\varphi_2})$$

当用参考光 $u_r=a_re^{i\varphi_r}$ 照射全息底片再现时，透射光波为

$$U=(a_o^2+a_r^2)a_re^{i\varphi_r}+\frac{1}{2}a_oa_r^2(e^{i\varphi_1}-e^{i\varphi_2})+\frac{1}{2}a_oa_r^2e^{i2\varphi_r}(e^{-i\varphi_1}-e^{-i\varphi_2})$$

式中第二项为物光波再现，其光强为

$$I=\frac{a_0^2a_r^4}{2}(1-\frac{1}{2}e^{i\delta}-\frac{1}{2}e^{-i\delta})=\frac{a_0^2a_r^4}{2}(1-\cos\delta)$$

此情况与普通光弹性中圆偏振光装置的暗场情况一致。

由上面的推导可以看出，由于没有第一次曝光的影响，旋向相反的圆偏振光照射时只能得到等差线图。

6.2.2　图像全息法

在图 6 - 5 的光路图中，通常在物光光路中放置漫反射元件如毛玻璃，以为模型提供均匀的光场，由于散射作用，模型上任意一点都可以透过各个方向的散射光到达全息底片，如同漫反射物体一样，获得模型的三维形象，因此从不同方向观察条纹图时，条纹有明显的移动，相当于一般光弹性中的斜射效应。实际上只有沿着被测点的法线方向观察到的条纹级数才是准确的。

为了得到完整而准确的条纹图，可将毛玻璃去掉，使一束平行光透过模型，在底片上形成"投影图"模型上点和底片上点一一对应，得到的条纹不因观察方向不同而移动。亦可在模型和全息底片之间加入一组成像透镜，将模型成像于底片上，如图 6 - 6 所示。

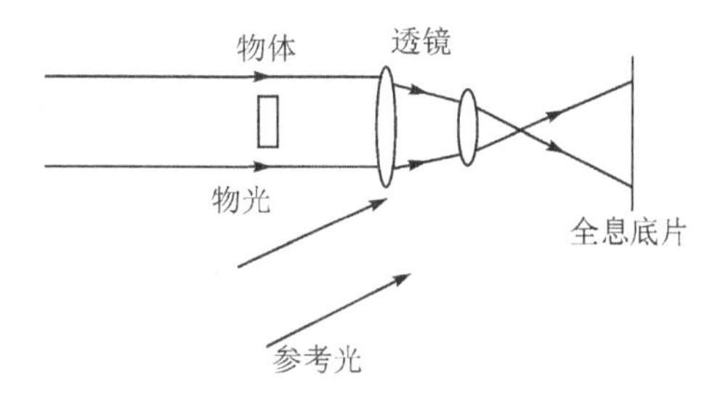

图 6 - 6　图像全息法

在物光光路中去掉毛玻璃或增加透镜并不影响光路系统中的光程变化，因此前面所推导的光强基本方程仍然适用。

由于再现的模型像就在全息底片上，且有一一对应的位置，因此对再现光的相干性没有严格的要求，可用白光再现，此时观察到的条纹是黑色的。

6.3　平面全息光弹性法条纹的处理

6.3.1　平面应力光学定理

在平面全息光弹性中，采用模型加载后一次曝光，由平面偏振光场可以得到等倾线；由圆偏振光场可以得到等差线。采用模型加载前后两次曝光，由平面偏振光场可以得到等程线，由圆偏振光场可以得到等和线。

在平面问题中，应力光学定律为

$$\begin{cases} n_1 - n_0 = A\sigma_1 + B\sigma_2 \\ n_2 - n_0 = A\sigma_2 + B\sigma_1 \end{cases}$$

式中：A、B 为模型材料的绝对光学系数；n_0 为模型加载前材料的折射率；n_1 和 n_2 分别为模型加载后沿第一、第二主应力方向的折射率。

设 h 和 h' 分别为模型加载前后的厚度，n 为空气的折射率，则相位变化为

$$\varphi_0=\frac{2\pi}{\lambda}n_0h$$

$$\varphi_1=\frac{2\pi}{\lambda}[n_1h'+n(h-h')]$$

$$\varphi_2=\frac{2\pi}{\lambda}[n_2h'+n(h-h')]$$

考虑到处于平面应力状态下的模型，加载前后厚度的关系为

$$h'=h-\mu\frac{\sigma_1+\sigma_2}{E}h$$

则式(6-17)变为

$$I=K^2+2K\cos\frac{\pi h(A'+B')}{\lambda}(\sigma_1+\sigma_2)\cos\frac{\pi hC}{\lambda}(\sigma_1-\sigma_2)+\cos^2\frac{\pi hC}{\lambda}(\sigma_1-\sigma_2) \tag{6-18}$$

式中：$A'=A-\frac{\mu}{E}(n_0-n)$；$B'=B-\frac{\mu}{E}(n_0-n)$；$C=A-B$。

由此可知，当 $K\neq0$ 时，即同旋向圆偏振光两次曝光，可以同时得到等和线和等差线条纹。

当 $K=0$ 时，即只有加载后一次曝光，则式(6-18)变为

$$I=\cos^2\frac{\pi hC}{\lambda}(\sigma_1-\sigma_2) \tag{6-19}$$

即可以得到等差线条纹。

如果采用平面偏振光场，模型两次曝光后，根据式(6-12)和式(6-13)，以分别得到沿第一和第二主应力方向的等程线 δ_1 和 δ_2。当模型材料常数已知的情况下，可由等程线求得主应力 σ_1 和 σ_2。

6.3.2　等和线与等差线的分离

图 6-7 给出了对径受压圆盘的四组条纹图。右上侧为圆偏振光场两次曝光法获得的组合条纹图，右下侧是为圆偏振光场一次曝光获得的等差线条纹图，左侧是平面偏振光场下获得

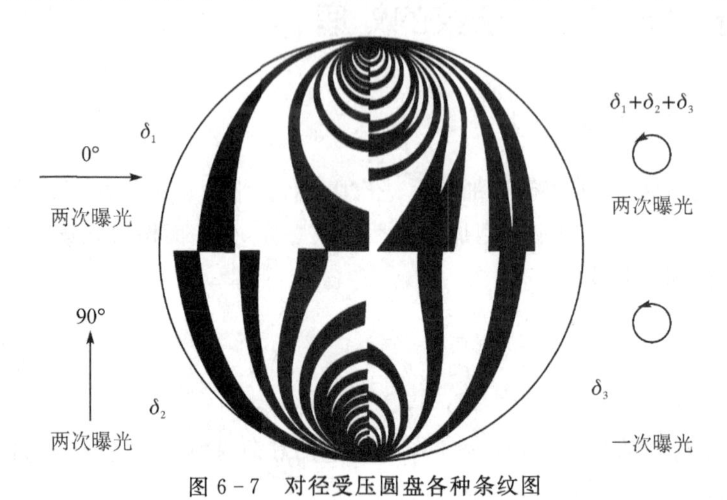

图 6-7　对径受压圆盘各种条纹图

的等程线条纹图。

无论是何种条件下的试验，等和线和等差线条纹总是同时存在的，且由于等和线条纹较密，等差线条纹较稀，不便于测量。为了解决实际问题，必须将此两组条纹分开，目前已有不少分离条纹的方法，下面主要介绍双模型法、石英旋光器法和反光干涉法。

1.双模型法

双模型法即用光学灵敏材料（如环氧树脂材料）和光学不灵敏材料（如有机玻璃）各作一模型，承受相同的载荷，利用环氧树脂模型加载后一次曝光获得等差线。利用有机玻璃模型，加载前后两次曝光获得等和线，因为光学不灵敏材料常数 $A \approx B$，$C=0$，则式(6-18)变为

$$I = K^2 + 2K\cos\frac{\pi h(A'+B')}{\lambda}(\sigma_1+\sigma_2) \tag{6-20}$$

由此可见，光强仅由 $(\sigma_1+\sigma_2)$ 决定，只存在等和线条纹。根据等和线条纹即可获得主应力和。

等和线的零级条纹和正、负级次条纹判别法：零级等和线一般可借助于模型边界的等差线来推断。条纹的正、负级次，可以借助于受力状态来分析，受力变薄区的条纹为正级次，受力变厚区的条纹为负级次。

2.石英旋光器法

石英旋光器法的光路原理如图6-8所示。石英旋光器11，能使通过的光振动的偏振振动面旋转90°，如通过前是垂直方向偏振光，通过后就变成水平方向偏振光。此光路的物光路线是按 $A—A'$，$B—B'$ 方向行进的，第一次经过模型的物光，以后经过准直透镜 8′和 8″ 然后由全反射镜 3′返回，再经过准直透镜 8″、石英旋光器 11 和准直透镜 8′，第二次又通过模型，然后由半反射镜 9 把部分物光反射到全息底片上进行记录。

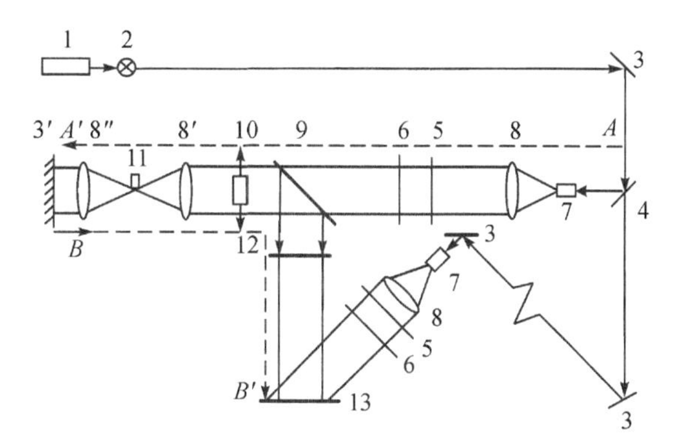

1—激光器；2—快门；3，3′—全反射镜；4—分光镜；5—偏振镜；6—四分之一波片；7—扩束镜；8，8′，8″—准直透镜；9—半反射镜；10—模型；11—石英旋光器；12—毛玻璃；13—照相底片。

图6-8　石英旋光器法光路原理图

在上述过程中，物光两次经过受力模型，而后一次经过受力模型时，由于石英旋光器的作用，使第一次经过模型产生的椭圆偏振光旋转了90°，当它第二次通过受力模型出来时，就变成圆偏振光，即反映主应力差的相位差（相对减速）抵消了，等差线也就消除了。

因此，用石英旋光器进行条纹分离，两次曝光的结果可得到倍增的等和线，而当物光不通

过石英旋光器，在模型加载时一次曝光，就可得到倍增的等差线。这种布置就可以由一个环氧树脂模型分别得到等和线与等色线，克服了原来组合条纹的缺点，同时，按照此方法得到的条纹是倍增的，也提高了读数精度。

3.反光干涉法

此法是在模型前表面涂以反射层，使一部分光透射、一部分光反射，同时使模型表面法线与入射光成某一小角 α，如图 6-9 所示。透射光可用来直接得到普通光弹性条纹，即等差线条纹图。反射光可用来形成两次曝光全息图，从而获得和厚度变形相关的等和线。事实上反射光得到的条纹图即为由于主应力和不同引起试件表面的离面位移。求离面位移的基本原理将在第 7 章介绍。

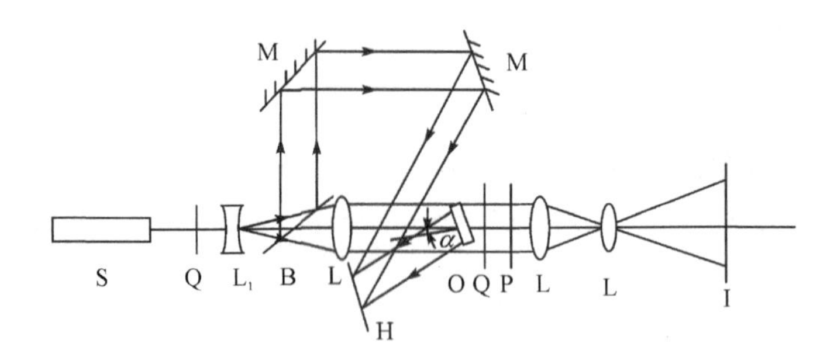

S—激光器；B—分光镜；M—反光镜；P—偏振片；Q—四分之一波片；
L—透镜；O—模型；H—照相底片；I—投影像平面。

图 6-9　反光干涉法分离条纹光路图

实验 6.1　全息光弹性实验

实验目的

初步掌握全息光弹性实验方法，熟悉全息光弹性实验光路图布置。

实验要求

(1)利用两次曝光法，在圆偏振光场中拍摄典型平面试件加载前后的全息图，再现后，观察等差线和等和线组合条纹图。

(2)任选一种方法分离等和线与等差线。

(3)计算某一截面的应力分布。

第7章　全息干涉位移测量

将全息干涉用于位移测量时，无须对被测物体表面作光学的特殊处理，这与传统干涉法有很大不同。利用全息干涉法可以获得任何材料、任何形状、任何表面状况静态、动态和受热等环境工作条件下表面各点的位移场或应变场。

常用的全息干涉位移测量技术包括两次曝光法和实时法。

7.1　基本原理

7.1.1　两次曝光法

两次曝光法是利用全息照相技术对物体表面进行两次曝光，记录物体变形前后两个状态的全息图，来测量物体表面位移和变形。它具有简单易行、干涉条纹清晰、可以进行定量分析等优点。它是利用了两幅或多幅全息图可以储存在同一全息底片上这一特点。采用全息照相装置，于物体变形前在全息底片上曝光一次，于物体变形后在同一底片上再曝光一次，由一张全息底片将物体变形前后的全部信息记录下来，底片经显影定影后，放回原光路系统，经过再现，则有物体变形前后的两个物光波，由于它们的相位有了相应差异，发生干涉，形成干涉条纹图。

设物体变形前后的复物光波分别为

$$\begin{cases} u_{o1}=a_o e^{i\varphi_1} \\ u_{o2}=a_o e^{i\varphi_2} \end{cases} \tag{7-1}$$

参考光为

$$u_r=a_r e^{i\varphi_r} \tag{7-2}$$

式中：a_o和a_r分别为物光波和参考光波振幅；φ_1和φ_2分别为变形前后物光波相位；φ_r为参考光波相位。

两次等时曝光全息底片上记录的光强为

$$I=(u_{o1}+u_r)(u_{o1}^*+u_r^*)+(u_{o2}+u_r)(u_{o2}^*+u_r^*)$$

式中：u_{o1}^*、u_{o2}^*和u_r^*分别为物光u_{o1}、u_{o2}和参考光u_r的共轭复光波。整理后可得：

$$I=2(a_o^2+a_r^2)+a_o a_r e^{i(\varphi_1-\varphi_r)}\left[1+e^{i(\varphi_2-\varphi_1)}\right]+a_o a_r e^{-i(\varphi_1-\varphi_r)}\left[1+e^{-i(\varphi_2-\varphi_1)}\right] \tag{7-3}$$

一般情况下，在一定曝光范围内，透射率T与光强成正比，取比例系数为1，参考光再现，再现光波为

$$\begin{aligned} U &=2(a_o^2+a_r^2)a_r e^{i\varphi_r}+a_o a_r^2 e^{i\varphi_1}\left[1+e^{i(\varphi_2-\varphi_1)}\right]+a_o a_r^2 e^{-i(\varphi_1-2\varphi_r)}\left[1+e^{-i(\varphi_2-\varphi_1)}\right] \\ &=U_1+U_2+U_3 \end{aligned} \tag{7-4}$$

式中：第一项 U_1 是零级衍射波，第二项 U_2 和第三项 U_3 是两个一级衍射波，其对应的物理意义见第 6 章中的全息照相部分。第二项 U_2 是物光的再现，形成虚像，可透过底片观察到物体的像，但由于是变形前后两次物体全息图像的叠加，其光波将发生干涉形成干涉条纹，对应的光强为

$$I=U_2U_2^*=a_o^2a_r^4\left[2+e^{i(\varphi_2-\varphi_1)}+e^{-i(\varphi_2-\varphi_1)}\right]$$

令 $\delta=\varphi_2-\varphi_1$（表示相位差），整理可得：

$$I=2a_o^2a_r^4(1+\cos\delta)=4a_o^2a_r^4\cos^2\frac{\delta}{2} \tag{7-5}$$

用 Δ 表示光程差，$k=\dfrac{2\pi}{\lambda}$，则：

$$\delta=k\Delta=\frac{2\pi}{\lambda}\Delta \tag{7-6}$$

则 $I=4a_o^2a_r^4\cos^2(k\Delta/\lambda)$。

由此可见，两次曝光所得到的虚像光强是相位差余弦的函数。

当 $\delta=2N\pi$ 时，N 为整数，I 达到最大值，出现最明亮的条纹；当 $\delta=(2N+1)\pi$ 时，$I=0$，出现暗条纹，呈现出明暗相间的干涉条纹图。根据各条纹所对应的条纹级数 N，就可以确定相位差 δ 或光程差 Δ。

两次曝光物体表面各点产生的相位差或光程差是物体位移所致，故光程差与物体位移之间存在一定的几何关系。

如图 7-1(a)所示，S 表示光源的位置，H 表示底片的位置，P 为物体表面上的任意一点。由于变形过程中光源和底片的位置相对固定不动，只有物体表面会产生位移。设变形后物体表面上的点 P 移动到点 P'，有一微小的位移 d。

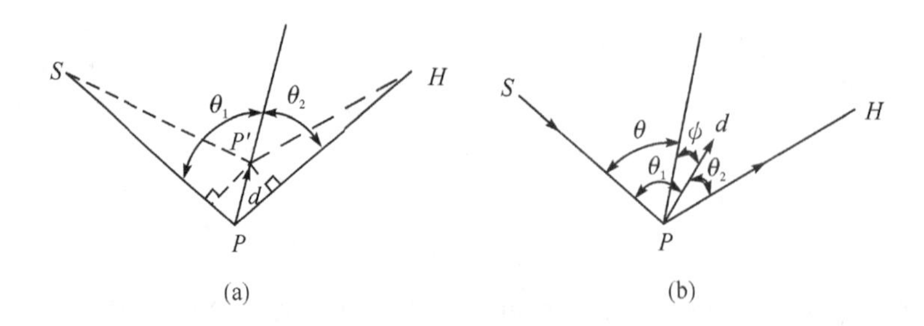

图 7-1　光程差与物体位移的关系

设光源到点 P 的入射光与位移 d 的夹角为 θ_1，点 P 到底片 H 的反射光与位移 d 的夹角为 θ_2，由于物体表面的位移很小，可以近似地认为光源到变形后的 P' 点入射光线以及 P' 点到底片 H 的反射光线与位移 d 的夹角没有变化。

变形前光线从光源经过 P 点反射到底片的光程为 $(SP+PH)$，变形后对应点的光程为 $(SP'+P'H)$，过点 P' 作 SP 和 PH 的垂线，则由位移 d 引起的光程差 Δ 可近似为

$$\Delta=(SP'+P'H)-(SP+PH)=d(\cos\theta_1+\cos\theta_2) \tag{7-7}$$

如果令 $\theta=\dfrac{\theta_1+\theta_2}{2}$，$\psi=\dfrac{\theta_1-\theta_2}{2}$，则式(7-7)可写为

$$\Delta = 2d\cos\psi\cos\theta \tag{7-8}$$

根据式(7-6),对应的相位差为

$$\delta = kd(\cos\theta_1 + \cos\theta_2) = 2kd\cos\psi\cos\theta \tag{7-9}$$

由图 7-1(b)可以看出,ψ 为位移 d 与角平分线的夹角。

这样 $d\cos\psi$ 即为位移 d 在角平分线上的投影,用 $d_{\frac{\theta}{2}}$ 表示。则:

$$d_{\frac{\theta}{2}} = \frac{\delta}{2k\cos\theta} \tag{7-10}$$

式中:δ 可根据条纹级数 N 和波长 λ 求得,对于一些简单的变形情况,零级条纹(对应于 $d=0$)和条纹增加方向十分明确,N 值不难确定。对于比较复杂的变形情况,有可能变形后不存在零级条纹或是难以判断条纹增加方向,可借助于下面介绍的实时法协助解决。θ 角可根据光路布置测得,则 $d_{\frac{\theta}{2}}$ 可确定。

由此可知,每一张全息图可以给出平行于入射光和反射光夹角平分线上的位移分量。若取光源方向与观察方向重合,且与被测点的法线方向一致,即 $\theta=0$,则可得到离面位移 $d=\dfrac{\delta}{2k}$。

7.1.2　实时法

实时法是先将物体未变形时的原始状态做一次曝光记录在全息底片上,底片经显影定影处理后,准确地放回原位,用原物光和参考光照射底片,如果此时物体发生变形,则可实时地观察到再现原始物光与变形后物体的物光互相干涉形成的条纹,并可用普通照相记录。

设物体变形前后的光波复振幅和参考光分别为式(7-1)和式(7-2)。

物体未变形时的原始状态第一次曝光记录的是变形前物体的全息图像。由第 6 章给出的全息底片上的光强信息可知,第一次曝光底片的透射率为

$$T = (a_o^2 + a_r^2) + a_o a_r e^{i(\varphi_1-\varphi_r)} + a_o a_r e^{-i(\varphi_1-\varphi_r)} \tag{7-11}$$

将此底片显影后放回原光路系统,并用参考光 $u_r = a_r e^{i\varphi_r}$ 和变形后的物光 $u_{o2} = a_o e^{i\varphi_2}$ 同时照射,透射后的复光波方程为

$$\begin{aligned} U &= (u_r + u_{o2})T \\ &= (a_o^2 + a_r^2)a_r e^{i\varphi_r} + a_o[(a_o^2 + a_r^2)e^{i\varphi_2} + a_r^2 e^{i\varphi_1}] + \\ &\quad [a_o^2 a_r e^{i(\varphi_1-\varphi_r)} + a_o^2 a_r e^{-i(\varphi_1-\varphi_r)}]e^{i\varphi_2} + a_o a_r^2 e^{-i(\varphi_1-2\varphi_r)} \end{aligned}$$

式中,与物体光波有关的项为

$$U_2 = a_o[(a_o^2 + a_r^2)e^{i\varphi_2} + a_r^2 e^{i\varphi_1}]$$

相应的光强为

$$I = U_2U_2^* = a_o^2[(a_o^2 + a_r^2)^2 + a_r^4 + (a_o^2 + a_r^2)a_r^2 e^{i(\varphi_2-\varphi_1)} + (a_o^2 + a_r^2)a_r^2 e^{-i(\varphi_2-\varphi_1)}]$$

即

$$I = U_2U_2^* = a_o^2 a_r^4\left[\left(\frac{a_o^2}{a_r^2} + 1\right)^2 + 1 + 2\left(\frac{a_o^2}{a_r^2} + 1\right)\cos(\varphi_2 - \varphi_1)\right] \tag{7-12}$$

当 $a_r \gg a_o$ 时,并令 $\delta = \varphi_2 - \varphi_1$,则

$$I = 2a_o^2 a_r^4 (1 + \cos\delta) = 4a_o^2 a_r^4 \cos\frac{\delta}{2} \tag{7-13}$$

得到与式(7-5)类似的结果。

利用实时法,可观察到干涉条纹随着物体状态的变化,从而可分辨条纹的增加方向、零级条纹的位置和条纹变化规律等。实时法的困难在于不易使感光处理后的全息底片准确地恢复到原来的位置,为了克服这一困难,可设计一专用装置,在底片支架上原位进行冲洗。

7.2 位移场分析

7.2.1 二维位移场分析

在二维位移场的情况下,通常可采用两张全息图进行位移分析。此时取入射光和反射光以及位移矢量在同一平面内,如图7-2所示。选取直角坐标系,令 y 轴方向与表面法线方向重合,则 x 轴方向与表面切线方向重合。入射光以 α_0 角射至 P 点,P 点到全息底片的反射光线的角度分别为 α_1 和 α_2,位移矢量与 x 轴的角度为 β。利用式(7-9),即

$$\delta = 2kd\cos\psi\cos\theta$$

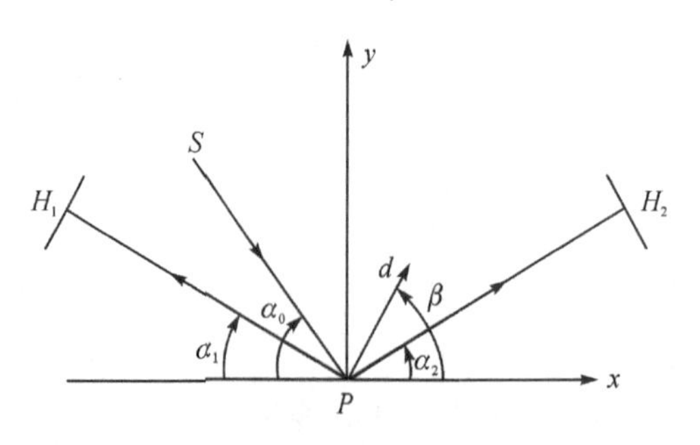

图7-2 二维位移场分析

对于 SPH_1 布置:

$$\theta = \frac{1}{2}(\alpha_0 - \alpha_1), \psi = \pi - \beta - \frac{1}{2}(\alpha_0 + \alpha_1)$$

可得:

$$\delta_1 = -2kd\cos\left[\beta + \frac{1}{2}(\alpha_0 + \alpha_1)\right]\cos\frac{1}{2}(\alpha_0 - \alpha_1) \tag{7-14}$$

对于 SPH_2 布置:

$$\theta = \frac{1}{2}(\pi - \alpha_0 - \alpha_2), \psi = \frac{\pi}{2} - \beta - \frac{1}{2}(\alpha_0 - \alpha_2)$$

可得:

$$\delta_2 = 2kd\sin\left[\beta + \frac{1}{2}(\alpha_0 - \alpha_2)\right]\sin\frac{1}{2}(\alpha_0 + \alpha_2) \tag{7-15}$$

由于 δ_1 和 δ_2 可以根据条纹级数得到,α_1、α_2 和 α_0 可以根据光路布置获得,方程(7-14)和(7-15)中只有两个未知量 d 和 β,因此位移的大小和方向完全可以由这个方程组求出。

为了便于计算，在实际应用中，常采用几种特殊布置进行测量。

(1)令 $\alpha_0=\alpha_2$，即光源方向与底片方向对称于表面的法线方向。此时由式(7-15)可直接得到表面的法向位移分量：

$$d_y=d\sin\beta=\frac{\delta_2}{2k\sin\alpha_0}$$

若仅要求垂直于被测表面的法向位移，则用一张全息图就可确定了。对于在切平面内的位移分量可按下式计算：

$$d_x=d\cos\beta=\frac{\frac{1}{2}\delta_2\left(1+\frac{\sin\alpha_1}{\sin\alpha_0}\right)-\delta_2}{k(\cos\alpha_1+\cos\alpha_0)}$$

(2)令 $\alpha_2=\alpha_1$，则很容易得到切向位移：

$$d_x=\frac{\delta_2-\delta_1}{2k\cos\alpha_1}$$

法向位移可由下式得到

$$d_y=\frac{\delta_2\left(1+\frac{\cos\alpha_0}{\cos\alpha_1}\right)+\delta_1\left(1-\frac{\cos\alpha_0}{\cos\alpha_1}\right)}{2k(\sin\alpha_1+\sin\alpha_0)}$$

求出 d_x 和 d_y，即可以给出位移的大小和方向。

7.2.2 三维位移场分析

三维变形物体表面任一点的三个位移分量可利用三张全息图或利用一张全息图由三个不同方向观察来确定。

1.多张全息图法

如图 7-3 所示，定义光源方向矢量和底片方向矢量 $\boldsymbol{k}_0$ 和 $\boldsymbol{k}_1$，$\boldsymbol{k}_0$ 的方向为从光源出发到被测点 P，大小为 $k=\frac{2\pi}{\lambda}$，$\boldsymbol{k}_1$ 的方向为从 P 点出发指向底片，大小也定义为 $k=\frac{2\pi}{\lambda}$，加上位移矢量 $\boldsymbol{d}$，则：

$$\boldsymbol{k}_0\cdot\boldsymbol{d}=kd\cos(\pi-\theta_1)=-kd\cos\theta_1$$

$$\boldsymbol{k}_1\cdot\boldsymbol{d}=kd\cos\theta_2$$

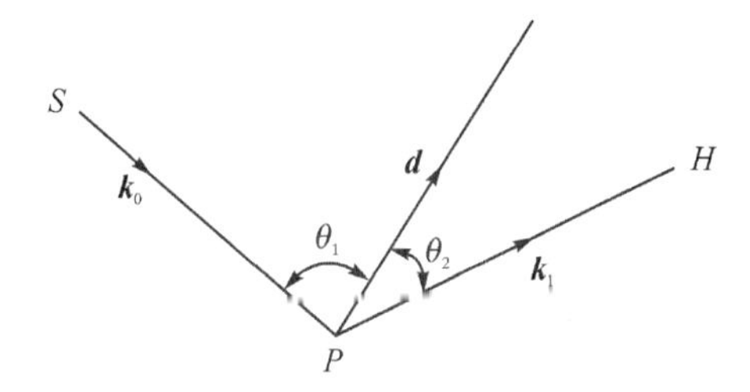

图 7-3 矢量图

用矢量点积表示，数学上式(7-9)可以写成：

$$\delta=(\boldsymbol{k}_1-\boldsymbol{k}_0)\cdot\boldsymbol{d} \tag{7-16}$$

此式是全息干涉两次曝光法位移分析的基本方程。

当采用三张全息图进行位移测量时，其光矢量图如图 7-4 所示。其中 $\boldsymbol{k}_0$ 是入射光方向矢量，$\boldsymbol{k}_1$、$\boldsymbol{k}_2$ 和 $\boldsymbol{k}_3$ 是三张底片对应的反射光方向矢量，在它们的垂直平面上分别放置三张全息底片作为变形的全息记录之用，当经过两次曝光并再现后，由三张全息图可分别测得条纹级数 N_1、N_2和 N_3，从而得到相位差 δ_1、δ_2 和 δ_3，由基本方程(7-16)可得：

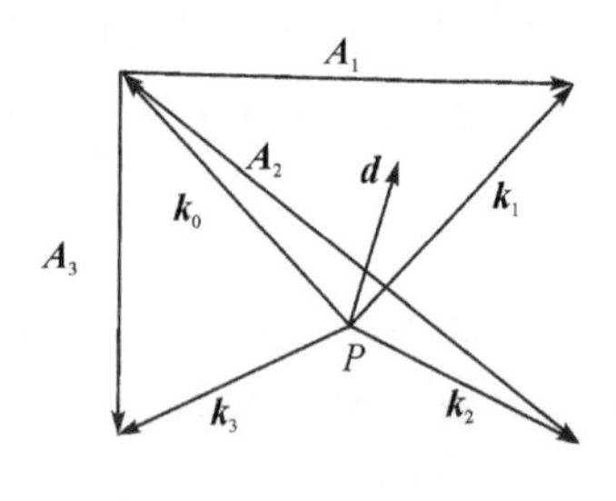

图 7-4　各矢量的定义

$$\begin{cases}\delta_1=(\boldsymbol{k}_1-\boldsymbol{k}_0)\cdot\boldsymbol{d}\\ \delta_2=(\boldsymbol{k}_2-\boldsymbol{k}_0)\cdot\boldsymbol{d}\\ \delta_3=(\boldsymbol{k}_3-\boldsymbol{k}_0)\cdot\boldsymbol{d}\end{cases}\tag{7-17}$$

由以上这三个方程式可以确定位移矢量 $\boldsymbol{d}$。

如将式(7-17)中的矢量差用矢量 $\boldsymbol{A}$ 代换，即

$$\boldsymbol{A}_i=\boldsymbol{k}_i-\boldsymbol{k}_0,\quad i=1,2,3$$

则式(7-17)可写为

$$\delta_i=\boldsymbol{A}_i\cdot\boldsymbol{d},\quad i=1,2,3\tag{7-18}$$

过点 P 选取直角坐标系 $Pxyz$，取 $\boldsymbol{i}$，$\boldsymbol{j}$，$\boldsymbol{k}$ 为直角坐标系的三个单位矢量，则 $\boldsymbol{k}_i$、$\boldsymbol{A}_i$ 和位移矢量 $\boldsymbol{d}$ 在坐标系里的表示形式为

$$\boldsymbol{k}_i=k_{xi}\boldsymbol{i}+k_{yi}\boldsymbol{j}+k_{zi}\boldsymbol{k},\ i=0,1,2,3$$

$$\boldsymbol{A}_i=A_{xi}\boldsymbol{i}+A_{yi}\boldsymbol{j}+A_{zi}\boldsymbol{k},\ i=1,2,3$$

$$\boldsymbol{d}=d_x\boldsymbol{i}+d_y\boldsymbol{j}+d_z\boldsymbol{k}$$

将上述关系式代入式(7-18)可得

$$\delta_i=A_{xi}d_x+A_{yi}d_y+A_{zi}d_z,\ i=1,2,3$$

这是一组常系数线性方程组，行列式

$$\begin{vmatrix}A_{x1}&A_{y1}&A_{z1}\\A_{x2}&A_{y2}&A_{z2}\\A_{x3}&A_{y3}&A_{z3}\end{vmatrix}\neq 0$$

即在光路布置中使 $\boldsymbol{A}_1$、$\boldsymbol{A}_2$、$\boldsymbol{A}_3$ 为不共面矢量，也不能有零矢量，即三张全息图的法线方向与照明方向要有一定的夹角且不共面。可解得位移矢量的三个分量为

$$d_x=\frac{\begin{vmatrix}\delta_1&A_{y1}&A_{z1}\\\delta_2&A_{y2}&A_{z2}\\\delta_3&A_{y3}&A_{z3}\end{vmatrix}}{\begin{vmatrix}A_{x1}&A_{y1}&A_{z1}\\A_{x2}&A_{y2}&A_{z2}\\A_{x3}&A_{y3}&A_{z3}\end{vmatrix}}$$

$$d_y=\frac{\begin{vmatrix}A_{x1} & \delta_1 & A_{z1}\\ A_{x2} & \delta_2 & A_{z2}\\ A_{x3} & \delta_3 & A_{z3}\end{vmatrix}}{\begin{vmatrix}A_{x1} & A_{y1} & A_{z1}\\ A_{x2} & A_{y2} & A_{z2}\\ A_{x3} & A_{y3} & A_{z3}\end{vmatrix}}$$

$$d_z=\frac{\begin{vmatrix}A_{x1} & A_{y1} & \delta_1\\ A_{x2} & A_{y2} & \delta_2\\ A_{x3} & A_{y3} & \delta_3\end{vmatrix}}{\begin{vmatrix}A_{x1} & A_{y1} & A_{z1}\\ A_{x2} & A_{y2} & A_{z2}\\ A_{x3} & A_{y3} & A_{z3}\end{vmatrix}}$$

求出各位移分量后，即可得到位移的大小和方向。

2.单张全息图法

若全息图中无零级条纹存在，则很难确定待测点的条纹级数值，此时可采用单张全息图，从不同的方向观察，测得条纹的移动变化值，从而求得位移矢量。全息照相可以获得完整的空间图像，因此从不同方向观察条纹图时，条纹有明显的移动。当以三个以上的不同方向观察时，可分别得到相应的条纹移动变化值。

利用单张全息图法，从三个方向观察，光矢量图如图 7－5 所示，$\boldsymbol{k}_0$ 是入射光方向矢量，$\boldsymbol{k}_1$、$\boldsymbol{k}_2$ 和 $\boldsymbol{k}_3$ 为三张底片对应的反射光方向矢量，由式(7－17)有

$$\delta_1=(\boldsymbol{k}_1-\boldsymbol{k}_0)\cdot\boldsymbol{d}$$

$$\delta_2=(\boldsymbol{k}_2-\boldsymbol{k}_0)\cdot\boldsymbol{d}$$

$$\delta_3=(\boldsymbol{k}_3-\boldsymbol{k}_0)\cdot\boldsymbol{d}$$

将上面三式相互相减，则得到

$$\begin{cases}\delta_{21}=(\boldsymbol{k}_2-\boldsymbol{k}_1)\cdot\boldsymbol{d}=\boldsymbol{B}_1\cdot\boldsymbol{d}\\ \delta_{32}=(\boldsymbol{k}_3-\boldsymbol{k}_2)\cdot\boldsymbol{d}=\boldsymbol{B}_2\cdot\boldsymbol{d}\\ \delta_{13}=(\boldsymbol{k}_1-\boldsymbol{k}_3)\cdot\boldsymbol{d}=\boldsymbol{B}_3\cdot\boldsymbol{d}\end{cases}\tag{7-19}$$

式中，各矢量的几何意义如图 7－5 所示。

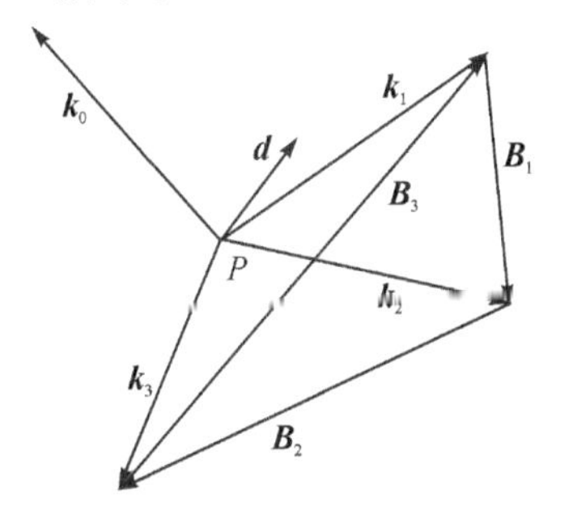

图 7－5　单张全息图法

$$\delta_{21}=\delta_2-\delta_1=k\lambda(N_2-N_1)=k\lambda N_{21}$$

式中：N_{21}表示沿 $\boldsymbol{k}_1$ 方向观察待测点并连续变化到沿 $\boldsymbol{k}_2$ 方向观察时，条纹级数的变化值，即条纹移动变化值，并规定条纹向右移动为正，向左移动为负。于是相应的相位差 δ_{21}即可求得。δ_{32}和 δ_{13}具有相同的含义，也是可以确定的，则由式(7-19)可以确定位移矢量 $\boldsymbol{d}$。

类似多张全息图方法，过点 P 建立直角坐标系 $Pxyz$，则 $\boldsymbol{k}_i$、$\boldsymbol{B}_i$和位移矢量 $\boldsymbol{d}$ 在坐标系里的表示形式为

$$\boldsymbol{k}_i=k_{xi}\boldsymbol{i}+k_{yi}\boldsymbol{j}+k_{zi}\boldsymbol{k},\ i=1,2,3$$
$$\boldsymbol{B}_i=B_{xi}\boldsymbol{i}+B_{yi}\boldsymbol{j}+B_{zi}\boldsymbol{k},\ i=1,2,3$$
$$\boldsymbol{d}=d_x\boldsymbol{i}+d_y\boldsymbol{j}+d_z\boldsymbol{k}$$

将上述关系式代入式(7-19)，则得到：

$$\delta_{21}=B_{x1}d_x+B_{y1}d_y+B_{z1}d_z$$
$$\delta_{32}=B_{x2}d_x+B_{y2}d_y+B_{z2}d_z$$
$$\delta_{13}=B_{x3}d_x+B_{y3}d_y+B_{z3}d_z$$

这是一组常系数线性方程组，当行列式

$$\begin{vmatrix} B_{x1} & B_{y1} & B_{z1} \\ B_{x2} & B_{y2} & B_{z2} \\ B_{x3} & B_{y3} & B_{z3} \end{vmatrix} \neq 0$$

即在光路布置中使 $\boldsymbol{B}_1$、$\boldsymbol{B}_2$、$\boldsymbol{B}_3$ 为不共面矢量，也不得使三个矢量中的任意一个为零矢量，即三张全息图的法线方向要有一定的夹角且不共面，可解得位移矢量的三个分量分别为

$$d_x=\frac{\begin{vmatrix} \delta_{21} & B_{y1} & B_{z1} \\ \delta_{32} & B_{y2} & B_{z2} \\ \delta_{13} & B_{y3} & B_{z3} \end{vmatrix}}{\begin{vmatrix} B_{x1} & B_{y1} & B_{z1} \\ B_{x2} & B_{y2} & B_{z2} \\ B_{x3} & B_{y3} & B_{z3} \end{vmatrix}}$$

$$d_y=\frac{\begin{vmatrix} B_{x1} & \delta_{21} & B_{z1} \\ B_{x2} & \delta_{32} & B_{z2} \\ B_{x3} & \delta_{13} & B_{z3} \end{vmatrix}}{\begin{vmatrix} B_{x1} & B_{y1} & B_{z1} \\ B_{x2} & B_{y2} & B_{z2} \\ B_{x3} & B_{y3} & B_{z3} \end{vmatrix}}$$

$$d_z=\frac{\begin{vmatrix} B_{x1} & B_{y1} & \delta_{21} \\ B_{x2} & B_{y2} & \delta_{32} \\ B_{x3} & B_{y3} & \delta_{13} \end{vmatrix}}{\begin{vmatrix} B_{x1} & B_{y1} & B_{z1} \\ B_{x2} & B_{y2} & B_{z2} \\ B_{x3} & B_{y3} & B_{z3} \end{vmatrix}}$$

利用单张全息图法不需要确定零级条纹，也无须知道照明方向。但由于一般全息图尺寸有限，测得的条纹移动变化值往往很小，测量精度受到限制，为此可采用大于三次的观察，得到多于未知数的多个线性方程组，再利用最小二乘法原理，得到位移分量的最佳值。

应变可以根据所测得的位移对相应空间坐标的偏导数来确定，但这是一个不精确的过程且很费时间。此外，为了研究变形，要求物体无刚体运动，否则必须将刚体位移和变形位移分离开来，这在实际上也存在很大困难。只是在测量离面位移时，全息干涉法是比较有效的方法。

7.3　全息干涉振动测量

全息干涉用于振动测量可以直接得到振动物体表面的振型、振幅分布、相位分布等振动特性的主要参数。由于测量是非接触式的，全息干涉振动测量有如下优点：避免了附加质量对运动物体的影响；不受频率范围的限制；振幅测量范围很大且对物体表面无特殊要求。

通常采用时间平均法和频闪法进行全息干涉作振动分析。

7.3.1　时间平均法

时间平均法是采用较振动周期长得多的时间，对振动物体连续曝光，拍摄全息图。它可被设想为多次曝光的全息图记录在同一张底片上，把振动物体在曝光时间内所取的每一位置的物光波都记录下来。再现时，所有这些再现的物光相互干涉而形成干涉条纹。

设物体作简谐振动，其振动方程为 $A\sin\omega t$，则由于物体振动而产生的相位变化 φ 可根据式(7－9)写为

$$\varphi = kA(\cos\theta_1 + \cos\theta_2)\sin\omega t = \frac{2\pi}{\lambda}A(\cos\theta_1 + \cos\theta_2)\sin\omega t$$

式中：A 为物体上某点的振幅；θ_1 为振动方向与入射光方向夹角；θ_2 为振动方向与反射光方向夹角。

物光可以表示为 $u_o = a_o e^{i\varphi} = a_o e^{ikA(\cos\theta_1+\cos\theta_2)\sin\omega t}$，参考光为 $u_r = a_r e^{i\varphi_r}$，曝光时间为 t，曝光量为 E，只考虑产生再现虚像部分，则

$$E = u_r^* a_o \int_0^t e^{ikA(\cos\theta_1+\cos\theta_2)\sin\omega t}\,dt \tag{7-20}$$

当 $t \gg \dfrac{2\pi}{\omega}$ 时，式(7－20)可写为

$$E = u_r^* a_o t J_0[kA(\cos\theta_1 + \cos\theta_2)] \tag{7-21}$$

式中：$J_0(x)$ 称为第一类零阶贝塞尔函数。

设全息底片经曝光处理后，振幅透射率与曝光量成线性关系，将 $k = \dfrac{2\pi}{\lambda}$ 代入，则再现虚像的光强为

$$I = I_0 J_0^2\left[\frac{2\pi}{\lambda}A(\cos\theta_1 + \cos\theta_2)\right] \tag{7-22}$$

式中：I_0 为物体静止时全息照相时的光强分布。

当采用接近于法向入射的光来照明振动物体且沿此方向观察时,式(7-22)可简化为

$$I=I_0 J_0^2\left(\frac{4\pi}{\lambda}A\right)$$

由此可见,再现虚像的光强与第一类零阶贝塞尔函数的平方成正比,所以对应 $J_0^2(x)$ 的各个零点,$I=0$,形成暗条纹;而对应 $J_0^2(x)$ 的各极值点,形成亮条纹。由此可根据条纹级数来确定振幅 A 的大小。

图 7-6 所示为 $J_0^2\left[\frac{2\pi}{\lambda}A(\cos\theta_1+\cos\theta_2)\right]$ 的曲线。从图 7-6 中可明显地看出在 $A=0$ 处,I/I_0 有最大值,条纹最亮,而在以后的各极值点,其明亮程度迅速降低,即条纹级数越高反差越小。

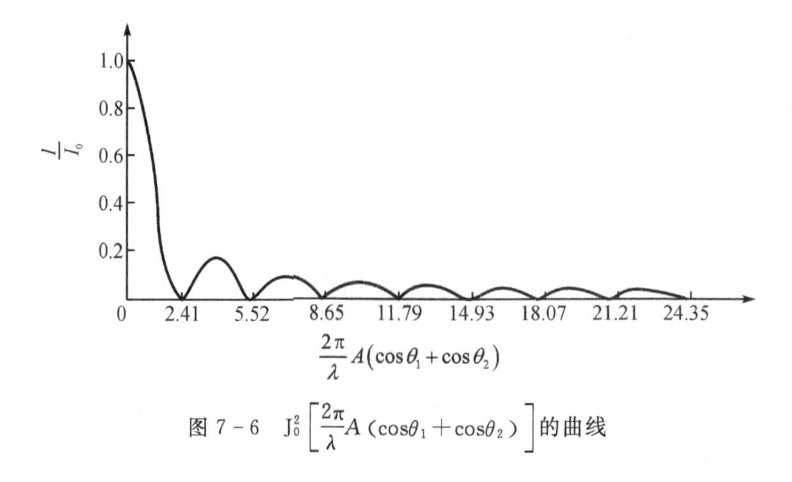

图 7-6 $J_0^2\left[\frac{2\pi}{\lambda}A(\cos\theta_1+\cos\theta_2)\right]$ 的曲线

由式(7-22)可以得到暗条纹所在位置的振幅

$$A=\frac{\lambda x_i}{2\pi(\cos\theta_1+\cos\theta_2)} \tag{7-23}$$

式中:x_i 是第一类零阶贝塞尔函数的根,即 $J_0^2(x)=0$,由贝塞尔函数表可以查得 x_i 值,振幅 A 即可由式(7-23)算出。

单纯的时间平均法因条纹太密且条纹反差衰减太快,可与两次曝光法相结合,先对物体静止状态曝光一次,再对物体振动状态用时间平均法曝光,得到全息图。设静止状态曝光时间为 t_1,用时间平均法曝光时间为 t_2,则再现光强为

$$I=I_0\left\{J_0\left[\frac{2\pi}{\lambda}A(\cos\theta_1+\cos\theta_2)\right]+\frac{t_1}{t_2}\right\}^2 \tag{7-24}$$

由于 $J_0(x)$ 的最小值等于 -0.4028,为提高条纹对比度,通常取 $\frac{t_1}{t_2}=0.5$,$[J_0(x)+0.5]^2$ 的归一化曲线如图 7-7 所示。对比图 7-6 可以发现,其条纹级数为单纯的时间平均法的一半,且亮条纹比单纯的时间平均法时更亮,光强随振幅的增加衰减更慢。

此外还可采用实时时间平均法,即对静止物体拍摄全息图,经处理后准确放回原位,使再现像与物体重合,然后使物体振动,则可观察到物体振动和再现像相互干涉而形成的条纹。如果使再现像光波和物光波相等,则观察到的光强为

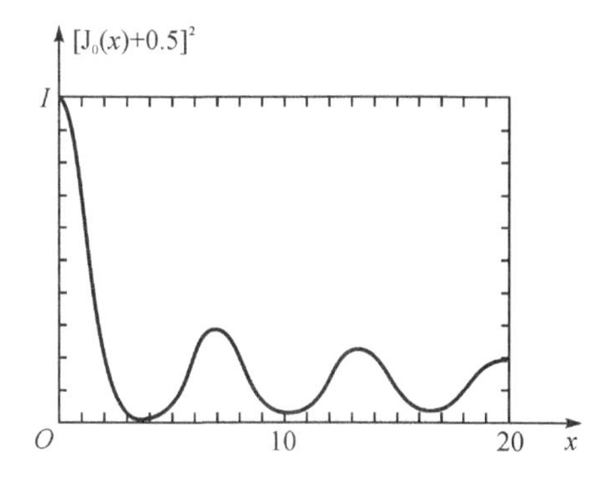

图 7－7　$[J_0(x)+0.5]^2$ 的归一化曲线

$$I = I_0 \left\{ J_0 \left[\frac{2\pi}{\lambda} A \left(\cos\theta_1 + \cos\theta_2 \right) \right] + 1 \right\}^2 \tag{7-25}$$

实时时间平均法的条纹数量为时间平均法的一半，但由于不产生光强为零的暗条纹，因此条纹对比度较低。然而，实时时间平均法特别适用于探测共振频率和发现异常振动，因此也是振动分析的常用方法。

7.3.2　频闪法

频闪法是采用与振动物体同步的闪光照明，对振动物体一个周期内的两个瞬间的振动状态（如振幅的正负最大值位置），进行曝光拍摄全息图。这样的全息图记录了物体的两种变形状态。再现时呈现出两种状态互相干涉的条纹，它表明了变形差，即表示振幅等高线的干涉条纹，这与通常两静止光波干涉一样构成以正弦强度变化的干涉条纹。针对振幅的正负最大值两个位置，由式(7－5)可得，再现光强为

$$I = 4a_o^2 a_r^4 \cos^2 \left[\frac{2\pi}{\lambda} A \left(\cos\theta_1 + \cos\theta_2 \right) \right] \tag{7-26}$$

振动物体一点的振幅为

$$A = \frac{(2N-1)\lambda}{4(\cos\theta_1 + \cos\theta_2)}$$

式中：$N=1,2,3,\cdots$为暗条纹的级数。

利用频闪法需要一套频闪装置。除了时间平均法和频闪法之外，还可采用脉冲二次曝光法，即用脉冲光源代替频闪装置，对振动物体的两个状态拍摄双曝光全息图，可得到清晰的再现图。这种方法可用于对冲击等情况进行全息分析，也可用于现场测量，是动态测量的一种理想方法。

实验 7.1　全息干涉法实验

实验目的

初步掌握全息照相技术及位移测量方法。

实验要求

(1)正确布置光路。

(2)利用两次曝光法拍摄悬臂梁自由端承受集中载荷前后的全息图。

(3)根据全息图再现,测量梁的挠度。

(4)与理论值进行比较。

第8章　应变测量的云纹法

8.1　概述

云纹法可用来测定构件表面的应变场与位移场，其所用的测量基本元件称为栅。栅由如图8-1所示透明和不透明相间的平行等距线条组成，组成栅的线条称为栅线，栅线之间的间距称为节距，节距的倒数称为密率。密率表示每单位距离的栅线数，通常用来测量位移及应变用的栅的密率在2线/毫米到50线/毫米之间。现在已能制造出每毫米几百线以上的栅。

栅线可以通过光学方法印制在照相的胶片或者涂感光胶的玻璃板上，制成黑线与透明线相间的栅板，亦可在金属试件表面上直接刻线，但此时金属试件表面上的栅由亮(反射)和暗(不反射)的栅线所组成。另外还可以用光学投影或干涉方法制成栅线，投入测试区域组成栅。

图8-1　云纹栅

如果将两个完全相同的栅重叠起来，当其栅线完全重合时，从亮的背景方向看去，就像一个栅一样，出现均匀间隔的亮场(图8-1)。但当两栅的栅线发生相对转动(图8-2(a))或任一栅中的栅线节距增大或减小时(图8-2(b))，一个栅的不透明部分将遮盖住另一个栅的透明部分，形成比原来宽得多的不透明暗带，同时在两个透明部分重合的地方，将形成透明的亮带。图8-2(c)给出了一个较复杂的变形得到的条纹图。如图8-2所示由于栅线节距变化产生的明暗相间的条纹为云纹。显然由此而产生的云纹图像和栅线的相对转动角度及节距的变化存在着几何关系。因此如将一个栅(称为试件栅)固定或刻制在试件测试区域上，用另一个栅(称为基准栅或分析栅)与其重叠，当试件发生变形时试件栅跟随变形，而基准栅不变，便会有云纹产生。根据云纹图像中云纹的位置及云纹的间距或转角，反过来便可求出此试件的应变或位移。在云纹分析中光栅的栅线间隔一般均大于光的波长，所以云纹方法实际上是一种几何干涉方法。

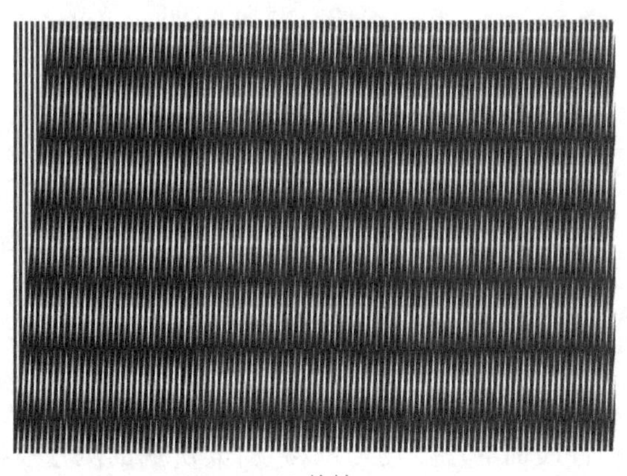

(a) 旋转

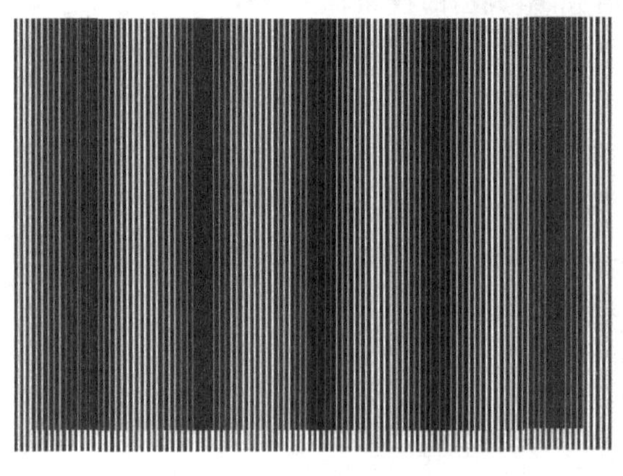

(b) 拉伸

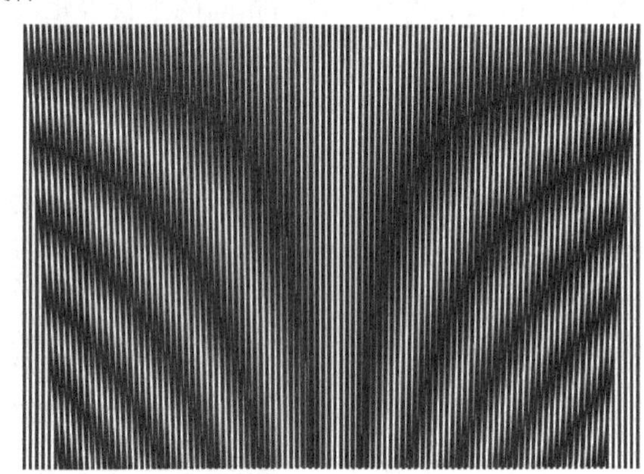

(c) 扭曲变形

图 8-2 典型云纹图

云纹方法亦称为 moire 法，moire 一词法文的意思是丝绸，将两块半透明丝绸重叠在一起会出现云纹现象，因此得名。用云纹方法来测量构件的应变与位移有很多优点：它测量时所使用的设备简单，只需要一般的光源和照相器材；由于它是一种几何干涉方法，可测量很大的变形，一般到构件破坏以前均能进行测量；在不影响条纹观察清晰度的温度范围内均可以进行测量；能全场显示且没有加强效应。所以自从 1948 年 Weller 和 Shepard 首先提出将云纹方法用于应力分析后，便得到很大的发展。云纹方法的缺点是对微小应变测量缺乏足够的灵敏度和精确度，以及对不可展曲面形状的构件不能进行测量。

8.2 云纹法应变测量的基本原理

用云纹方法测量应变时，首先要建立云纹与应变之间的基本关系式，然后对因试件变形而产生的云纹图像进行测量，利用这些关系式来确定试件的应变。可以用以下几种方法建立云纹与应变之间的关系。

8.2.1　几何方法

1.均匀拉伸或压缩应变测量

将试件栅和基准栅的栅线与应变(拉伸或压缩)方向垂直放置。设变形前试件栅与基准栅的节距相等,其值为 a,当试件没变形时应变为 0,试件栅和基准栅的栅线完全重合,没有云纹出现,如图 8 - 1 所示。当试件栅产生拉伸或压缩时,试件栅的栅距将变宽(拉伸)或变窄(压缩),如图 8 - 3 所示。为方便起见,图中将试件栅与基准栅错位放置。

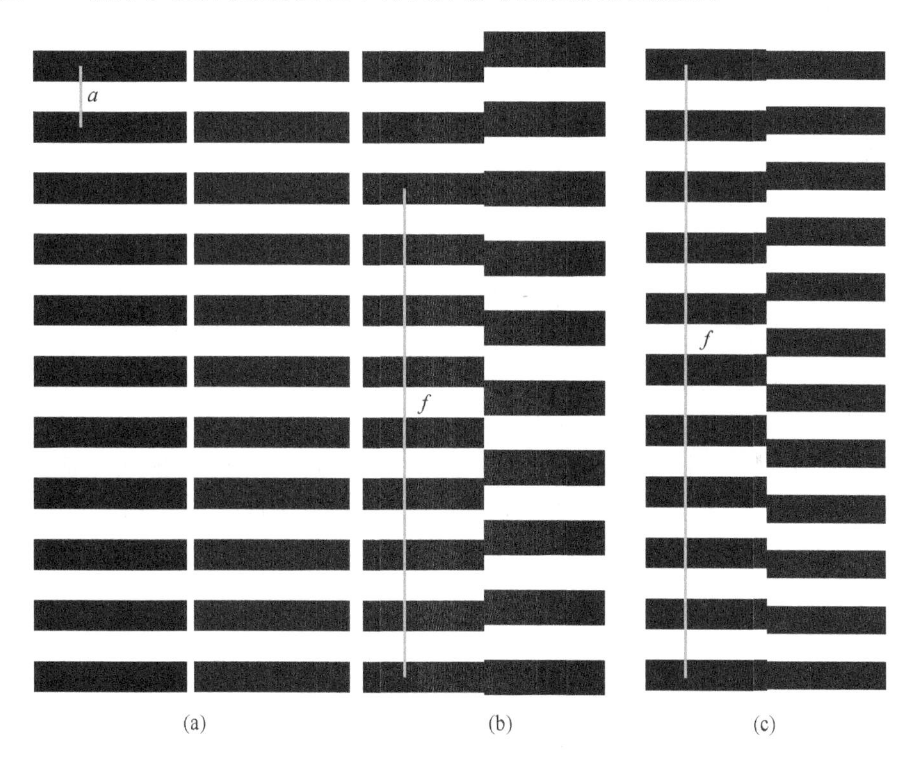

图 8 - 3　基准栅与试件栅线的相对位置

由图 8 - 3(a)中可以看出,当试件的应变为零时,试件栅和基准栅完全重合,没有云纹出现。如图 8 - 3(b)所示,当试件发生拉伸变形时,试件栅的栅线变宽,节距变大。试件栅的栅线从开始的黑栅线(不透明)与基准栅的黑栅线重合,逐渐发生偏离,经过一定距离后基准栅的黑栅线与试件栅的透明栅线重合,即黑栅线挡住了试件栅的透明部分,在这个地方将产生黑条纹;再经过一定距离后试件栅的黑栅线将再次和基准栅的黑栅线重合,呈现亮条纹。亮条纹与亮条纹或暗条纹与暗条纹之间的间距称为云纹间距,用 f 表示。

设变形后的试件栅的节距为 a',由图中不难看出,当试件发生拉伸变形时:

$$f = na = (n-1)a'$$

式中:n 为整数,其大小和栅线的节距以及应变的大小有关。图 8 - 3(b)中的 n 为 8。

消去 n,可得

$$f = \frac{aa'}{a' - a}$$

根据应变的定义，有

$$\varepsilon=\frac{a'-a}{a}$$

由此可得

$$\varepsilon=\frac{a}{f-a}$$

当应变较小时，云纹间距 f 远大于栅线节距 a。

这样上式可以近似为

$$\varepsilon\approx\frac{a}{f} \tag{8-1}$$

同理，当试件栅发生压缩变形时，试件栅的节距 a'变小，云纹间距可根据下式给出：

$$f=na=(n+1)a'$$

应变可表示为

$$\varepsilon=-\frac{a}{f+a}\approx-\frac{a}{f} \tag{8-2}$$

节距 a 是已知的，所以只要测出云纹间距 f，利用式(8-1)和式(8-2)便可求出垂直于栅线的均匀拉应变或均匀压应变。如是非均匀拉伸(或压缩)，则 ε 表示的是相邻云纹间的平均应变。

不论在拉伸或压缩时，a 和 f 均为正值，根据 a 和 f 的比值，无法判断是拉应变还是压应变。如需判断，可采用转动基准栅的方法，根据云纹变化情况来确定应变的正负。在两栅栅线平行时，所得云纹为平行云纹；转动基准栅时，两栅栅线互相交叉，交叉点的连接线形成亮带，如图 8-4 所示。

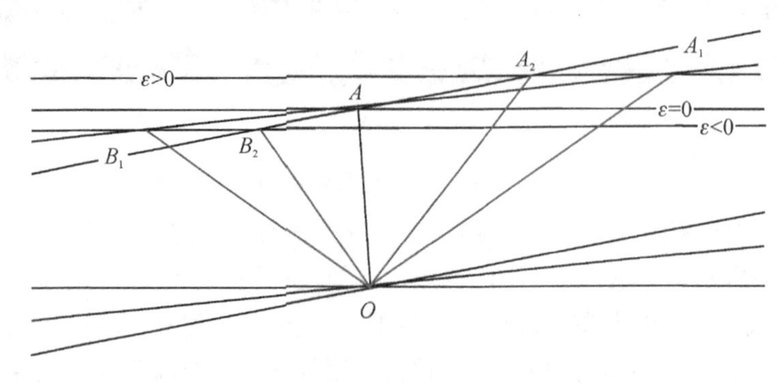

图 8-4　利用转动基准栅法判断应变的正负

由图 8-4 可以看出：当 $\varepsilon>0$ 时，单独逆时针转动基准栅，基准栅与试件栅的交点连线(即亮条纹)由 OA_1 按相同方向转动到 OA_2；当 $\varepsilon<0$ 时，单独逆时针转动基准栅，基准栅与试件栅的交点连线(即亮条纹)由 OB_1 按相反方向转动到 OB_2；当 $\varepsilon=0$ 时，单独转动基准栅，云纹不发生转动。

这就是利用单独转动基准栅法判断应变正负的方法。当然也可以根据力学知识来判断应变的正负。

由于试件栅和基准栅变形前是平行放置的，故以上测量应变的方法称为平行云纹法。

2.纯剪切应变测量

现在我们来测量发生纯剪切变形试件的切应变，根据切应变的定义，在试件中原来相交成直角的两线段的夹角改变量称为切应变，因此如图 8－5 所示切应变 γ_{xy} 为 θ_x 和 θ_y 角之和，θ_x 和 θ_y 角若使局部微元的角度变小则为正，反之则为负。云纹方法是先将 θ_x 和 θ_y 分别测出，然后求得切应变 γ_{xy}。为此我们先分析两栅的栅线相交 θ 角时云纹与 θ 角之间的关系，如图 8－6所示，两等节距栅线在相交 θ 角时，栅线交点连线形成亮带云纹，设此两栅节距都为 a，CD 垂直于 AB，则可很容易看出：

$$\sin\theta=\frac{CD}{AC}=\frac{a}{f_x}$$

式中：f_x 为云纹在平行栅方向的间距。如 θ 角很小，则上式可近似表示为

$$\theta=\frac{a}{f_x} \tag{8-3}$$

式中：a 为已知，因此只要测得云纹在水平栅线方向的间距 f_x，便可求出 θ 角。

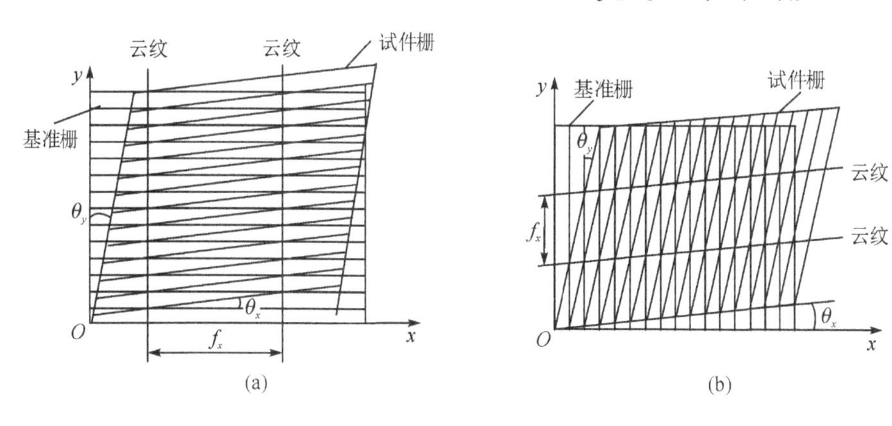

图 8－5　纯剪切应变测量

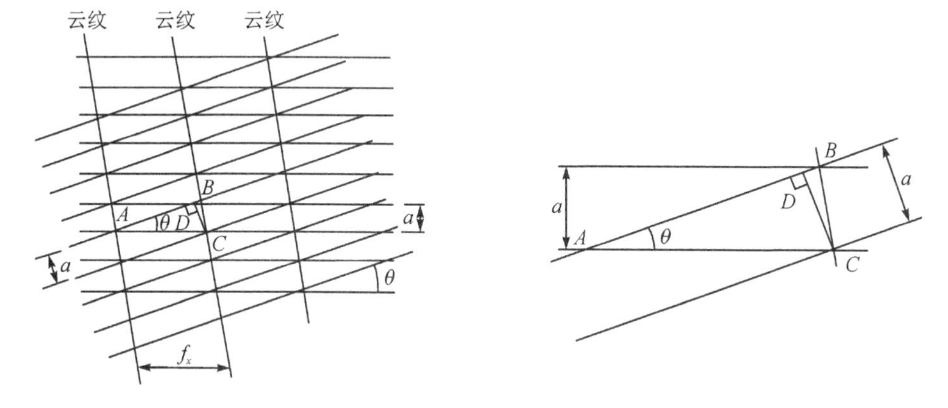

图 8－6　纯剪切应变测量的基本原理

在测量纯剪切应变时，分两步进行。第一步，将基准栅与试件栅栅线平行于 x 轴方向放置，当试件栅发生剪切变形时(图 8－5(a))，θ_y 仅使试件栅沿 Ox 方向移动而不产生云纹，θ_x 使试件栅栅线发生转动，根据转角与云纹的关系式(8－3)可得：

$$\theta_x = \frac{a}{f_x} \tag{8-4}$$

第二步，将基准栅与试件栅平行于 y 轴方向放置，当发生剪切应变时(图 8-5(b))，类似地可得：

$$\theta_y = \frac{a}{f_y} \tag{8-5}$$

根据剪应变的定义：

$$\gamma_{xy} = \theta_x + \theta_y = \frac{a}{f_x} + \frac{a}{f_y} \tag{8-6}$$

式中：θ_x 和 θ_y 角若使原角度减小则为正，反之则为负。f_x 和 f_y 为分别利用图 8-5(a)和图 8-5(b)的布置得到的云纹间距。

3.一般平面应变场测量

一般平面应变场变形，试件同时有 ε_x、ε_y 和 γ_{xy} 存在，测量时也需要分两步进行。第一步，将基准栅与试件栅平行于 x 轴方向放置，如图 8-7 所示，ε_x 仅引起栅线伸长或缩短，θ_y 仅使试件栅沿 Ox 方向移动，因此 ε_x 和 θ_y 对云纹没有影响。θ_x 使试件栅线发生转动，ε_y 使节距变大或减小，所以云纹只反映了 θ_x 和 ε_y 的值。

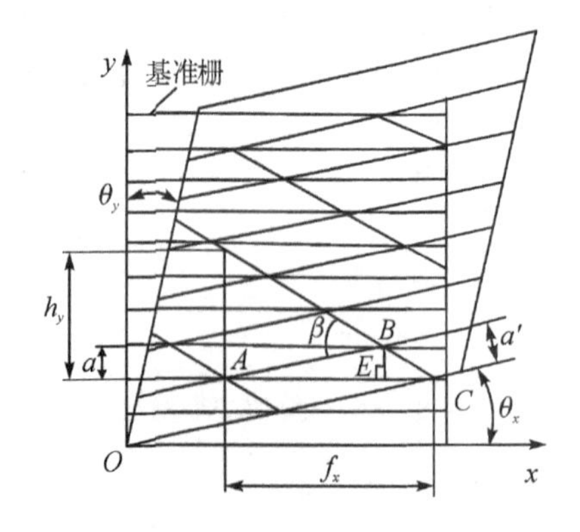

图 8-7 将基准栅与试件栅平行于 x 轴方向放置

设两栅在变形前节距均等于 a，变形后试件栅节距变为 a'，θ_x 和 ε_y 均很小，则从图 8-7 中可得：

$$\sin\theta_x = \frac{a'}{f_x} = \frac{a(1+\varepsilon_y)}{f_x} \approx \frac{a}{f_x} \tag{8-7}$$

如果 θ_x 角度很小，则上式可写为

$$\theta_x = \frac{a}{f_x} \tag{8-8}$$

从图 8-7 中可得：

$$\tan\beta = \frac{h_y}{f_x} = \frac{a}{EC}$$

$$f_x = \frac{a'}{\sin\theta_x}$$

$$EC = f_x - AE = \frac{a'}{\sin\theta_x} - \frac{a}{\tan\theta_x}$$

由此可得

$$\frac{h_y}{\dfrac{a'}{\sin\theta_x}} = \frac{a}{\dfrac{a'}{\sin\theta_x} - \dfrac{a}{\tan\theta_x}}$$

整理可得

$$h_y = \frac{aa'}{a' - a\cos\theta_x}$$

当 θ_x 很小时，$\cos\theta_x \approx 1$，考虑到 $a' = a(1+\varepsilon_y)$，可得

$$\varepsilon_y \approx \frac{a}{h_y - a} \approx \frac{a}{h_y} \tag{8-9}$$

式中：h_y 为云纹在 Oy 方向的间距。

由此可得，只要分别测得云纹在 Ox 方向和 Oy 方向的间距 f_x 和 h_y，即可根据公式(8-8)和(8-9)算得 θ_x 和 ε_y。

第二步，将基准栅和试件栅平行于 y 轴方向放置(图 8-8)进行试验，类似地可得：

$$\theta_y = \frac{a}{f_y} \tag{8-10}$$

$$\varepsilon_x \approx \frac{a}{h_x} \tag{8-11}$$

式中，h_x 为云纹在 Ox 方向的间距；f_y 为云纹在 Oy 方向的间距。

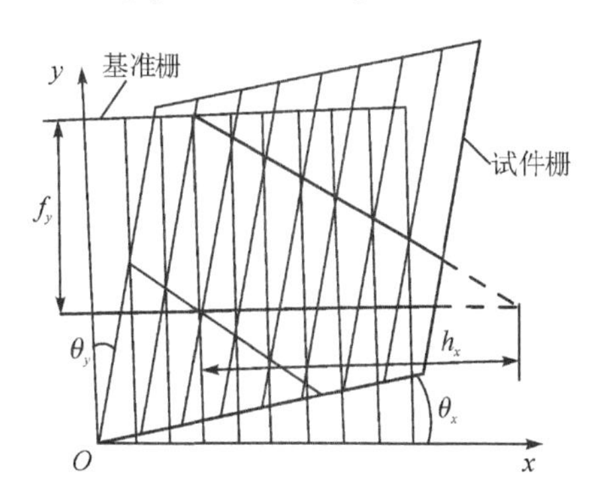

图 8-8　基准栅和试件栅平行于 y 轴方向放置

综合以上结果，通过两次实验，分别测得两次实验获得的云纹在 Ox 方向的间距和云纹在 Oy 方向的间距，即可获得一般应变场的正应变和剪应变：

$$\begin{cases} \varepsilon_x = \dfrac{a}{h_x} \\ \varepsilon_y = \dfrac{a}{h_y} \\ \gamma_{xy} = \dfrac{a}{f_x} + \dfrac{a}{f_y} \end{cases} \tag{8-12}$$

一般平面应变场中，各点应变不相同，是非均匀应变场，因此云纹图像是一个曲线族，用上面公式计算所得应变为云纹间距内平均应变。云纹间距愈小，愈接近于真实应变，但云纹间距太小，将引起测量困难，测量精确度差，因此云纹间距的大小要恰当。

根据平行云纹公式 $\varepsilon=\dfrac{a}{f}$ 可以看出，如果选定云纹间距 f 为某一值时，应变 ε 和节距 a 成正比，在 ε 小时要采用小节距的栅，在 ε 大时要采用大节距的栅。如果节距 a 一定时，f 和 ε 的关系可用图 8-9 中曲线表示，在曲线的Ⅱ部分中，小的应变 ε 变化可引起较大的 f 变化，测量灵敏度高，是理想工作范围。在Ⅰ区域内，ε 变化很大而相应的 f 变化却很小，测量灵敏度低。在Ⅲ区域内，虽然灵敏度最高，但 f 值较大，在非均匀应变场的测量时，计算得出的应变与一点的真实应变相差太大。因此对一定的节距，有一个理想应变测量区。如果被测量的应变值 ε 不在此区域内，可采用附加应变（初应变）的方法，使测量应变值增加或减少一个虚应变，使应变值移动到理想测量区域，分别测出 $\varepsilon_{全}$ 和 $\varepsilon_{初}$，相减获得实际应变值 $\varepsilon_{实}$。

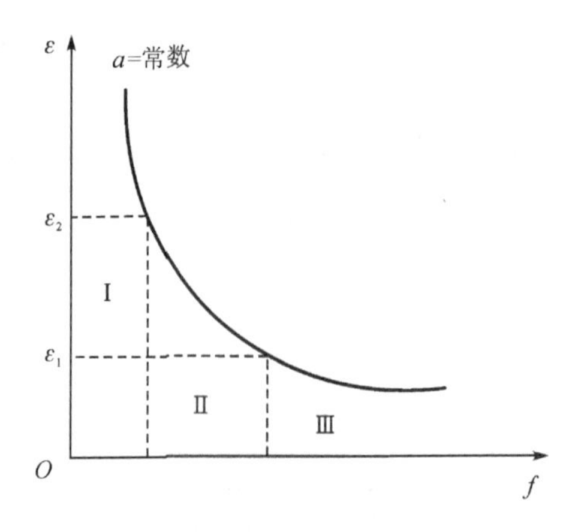

图 8-9　节距的选取

$$\varepsilon_{实}=\varepsilon_{全}-\varepsilon_{初} \tag{8-13}$$

可用两种不同节距的栅作为试件栅和基准栅以形成虚应变。设试件栅初始节距为 b，基准栅的节距为 a，试件变形前的云纹间距为 $f_{初}$，变形后的云纹间距为 $f_{全}$，经推导可得：

$$\varepsilon_{实}=\frac{a}{f_{全}}-\frac{a}{f_{初}} \tag{8-14}$$

8.2.2　位移导数法

将试件栅与基准栅重叠放置，并对试件栅和基准栅的栅线编号。令变形前互相重叠的栅线具有相同编号。在非均匀应变场作用下，试件栅栅线一般变为曲线，它们分别与基准栅栅线相交，相交处因遮挡最小，形成亮云纹，如图 8-10 所示。亮云纹所经过的各栅线交点处，基准栅栅线序数 m 与试件栅栅线序数 n 差为一整数 N。

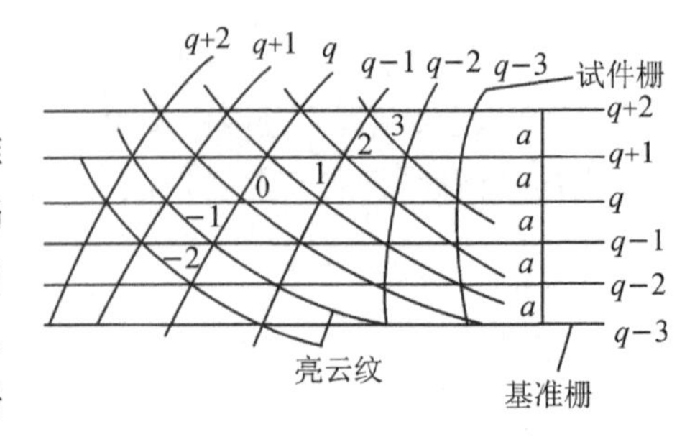

图 8-10　云纹纹数的确定

$$N = m - n \tag{8-15}$$

如图 8－10 所示，编号相同两栅栅线的交点，例如 q 与 q，$q+1$ 与 $q+1$，…的交点，基准栅序数 m 与试件栅栅线序数 n 差为零，在垂直于基准栅方向没有位移，因此这些交点形成的云纹上的各点在垂直于基准栅方向没有位移，称为零级条纹。在试件栅线 q 与基准栅线 $q+1$，及试件栅 $q+1$ 与基准 $q+2$，试件栅 $q-1$ 与基准栅 q，…线的交点，基准栅序数 m 与试件栅栅线序数 n 差为 1，试件栅在垂直基准栅方向向上移动一节距 a，同样，在这些交点形成的云纹上的各点，在垂直向上的位移均为 a，称为 1 级条纹。

可以看出，当 $N=\cdots,-2,-1,0,1,2,\cdots$ 时，试件栅基准栅栅线的交点，在垂直基准栅栅线方向的位移为…，$-2a$，$-a$，0，a，$2a$，…，对应的云纹级数为 N 级。

云纹图表示沿垂直于基准栅方向的位移场，相同级数的云纹表示沿垂直于基准栅栅线方向的等位移线，相邻级数云纹其位移相差一个节距 a。

可以应用这些等位移线，很方便地求出应变，先将试件栅与基准栅平行于 x 轴方向放置，当试件变形后，得两条相邻云纹，如图 8－11 所示，如前所述，此两条云纹在垂直于栅线方向（即 Oy 方向）的相对位移增加一节距 a，即 Oy 方向位移增量为一节距 a，若设 δ_{yx} 为云纹沿 Ox 方向间距，δ_{yy} 为云纹沿 Oy 方向间距，则可看成在 δ_{yx} 或 δ_{yy} 距离长度上试件上的点在 Oy 方向位移增量为 $\Delta v=a$，则可表示为

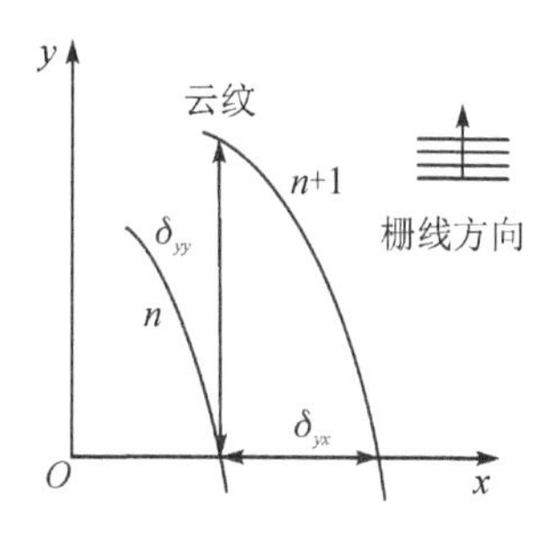

图 8－11　相邻云纹的位移增量

$$\begin{cases} \dfrac{\Delta v}{\Delta y} = \dfrac{a}{\delta_{yy}} \\ \dfrac{\Delta v}{\Delta x} = \dfrac{a}{\delta_{yx}} \end{cases}$$

当 δ_{yx} 和 δ_{yy} 足够小时，上式可近似代替偏导数。

$$\begin{cases} \dfrac{\partial v}{\partial y} \approx \dfrac{a}{\delta_{yy}} \\ \dfrac{\partial v}{\partial x} \approx \dfrac{a}{\delta_{yx}} \end{cases} \tag{8-16}$$

将试件栅与基准栅垂直于 x 轴方向放置，同理可以得到：

$$\begin{cases} \dfrac{\partial u}{\partial x} \approx \dfrac{a}{\delta_{xx}} \\ \dfrac{\partial u}{\partial y} \approx \dfrac{a}{\delta_{xy}} \end{cases} \tag{8-17}$$

式中：δ_{xx} 和 δ_{xy} 分别为试件栅与基准栅垂直于 x 轴方向放置时所得到的云纹沿 Ox 方向间距和云纹沿 Oy 方向间距。

对于小变形，可按下列公式求得应变：

$$\begin{cases}\varepsilon_x=\dfrac{\partial u}{\partial x}\approx\dfrac{a}{\delta_{xx}}\\ \varepsilon_y=\dfrac{\partial v}{\partial y}\approx\dfrac{a}{\delta_{yy}}\\ \gamma_{xy}=\dfrac{\partial u}{\partial y}+\dfrac{\partial v}{\partial x}\approx\dfrac{a}{\delta_{xy}}+\dfrac{a}{\delta_{yx}}\end{cases}\tag{8-18}$$

由此可见,用位移导数方法与几何方法所得结果相同。

当为大变形时,需要用大变形的方法计算应变。

应变准确的计算要求四个偏导数值必须是同一点得到的数值,通常可以用作图法求出。

例如,图 8-12(a)的云纹图表示试件 u 场的位移。如果计算 P 点的应变,首先以 P 点为原点作坐标 x 和 y,根据云纹条纹与坐标相交的位置和条纹级数绘制位移曲线 $u=f(x)$和 $u=f(y)$,如图 8-12(b)和图 8-12(c)所示。两曲线对应的斜率为$\dfrac{\partial u}{\partial x}$和$\dfrac{\partial u}{\partial y}$。

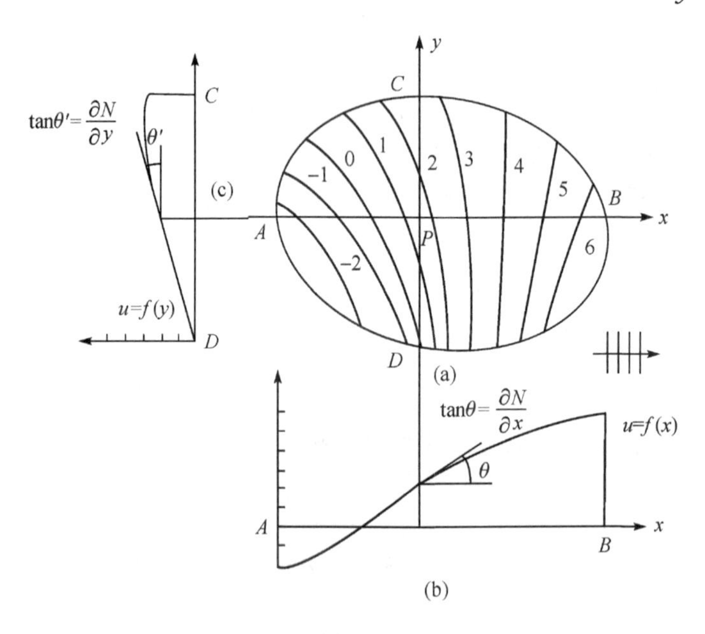

图 8-12 作图法求位移导数

同理可以根据试件 v 位移场的云纹图,绘制位移曲线 $v=\varphi(x)$和 $v=\varphi(y)$,求出两曲线对应的斜率为$\dfrac{\partial v}{\partial x}$和$\dfrac{\partial v}{\partial y}$。

代入式(8-18),即可求出应变分量。

8.3 数码云纹法应变测量

8.3.1 拉伸应变测量

图 8-13 中上面的条纹为基准栅,下面的条纹为试件栅。正常情况下要求黑条纹和白条

图 8-13　数码云纹法

纹的宽度相同，但不可避免两者会有些微差别，不失一般性，这里首先认为两者之间不同，进行理论推导。为此，令基准栅的节距 $a=2b$，b'为白条纹的宽度。如图以基准栅黑条纹和白条纹的交界为原点，建立 x 坐标，坐标的单位长度为 b。设试件的拉伸应变为 ε，则试件栅的节距为 $2b(1+\varepsilon)$，其中 $b'(1+\varepsilon)$为白栅线的宽度。令白条纹的光强为 1，黑栅线条纹的光强为 0。令黑栅线条纹与任何栅线条纹重叠后的光强均为 0，令白栅线条纹与白栅线条纹叠加后的光强为 1。则有试件栅与基准栅叠加后的光强函数为

$$
\begin{aligned}
&I(x)=1, 0<x\leqslant b'\\
&I(x)=0, b'<x\leqslant 2b(1+\varepsilon)\\
&I(x)=1, 2b(1+\varepsilon)<x\leqslant 2b+b'\\
&I(x)=0, 2b+b'<x\leqslant 4b(1+\varepsilon)\\
&\cdots\\
&I(x)=1, nb(1+\varepsilon)<x\leqslant nb+b'\\
&I(x)=0, nb+b'<x\leqslant (n+2)b(1+\varepsilon)\\
&\cdots
\end{aligned}
$$

将(0, 2b]范围内的平均光强记为 $x=b$ 位置的光强，其值可表达为

$$\bar{I}(b)=\frac{1}{2b}\int_0^{2b} I\,\mathrm{d}x=\frac{b'}{2b} \tag{8-19}$$

将(2b,4b]范围内的平均光强记为 $x=3b$ 位置的光强，其值可表达为

$$\bar{I}(3b)=\frac{1}{2b}\int_{2b}^{4b} I\,\mathrm{d}x=\frac{b'-2b\varepsilon}{2b} \tag{8-20}$$

将(4b,6b]范围内的平均光强记为 $x=5b$ 位置的光强，其值可表达为

$$\bar{I}(5b)=\frac{1}{2b}\int_{4b}^{6b} I\,\mathrm{d}x=\frac{b'-4b\varepsilon}{2b} \tag{8-21}$$

$\cdots$

将(nb,(n+2)b]范围内的平均光强记为 $x=(n+1)b$ 位置的光强，其值可表达为

$$\bar{I}[(n+1)b]=\frac{b'-nb\varepsilon}{2b}, n \text{ 为偶数} \tag{8-22}$$

$$|\bar{I}[(n+1)b]-\bar{I}[(n-1)b]|=\varepsilon$$

一般情况下设计的栅线要求白栅线和黑栅线具有相同宽度，即 $b'=b$，可以看出，当 $b'\neq b$ 时，仅仅影响一个节距内的平均光强，对相邻节距内的平均光强差的绝对值没有影响。还需要指出的是，$b'=b$ 云纹栅设计，可测得的最大应变范围可以达到 50%，而 $b'\neq b$ 云纹栅设计可以测得的最大应变范围小于 50%，具体可以测量的应变范围和黑白云纹栅的宽度比值有关。因而最好采用 $b'=b$ 云纹栅设计。为了简单起见，且不失一般性，下面的讨论均假定 $b'=b$。

当基准栅的黑条纹刚好位于试件栅的白条纹中间时，一个基准栅节距内的平均光强最低。之后光强开始随 n 的增加而增加，直到光强的绝对值达到最大值 $\frac{1}{2}$，形成一个周期。这个位置对应的是基准栅黑条纹和试件栅黑条纹重合的位置。这时试件栅的节距数比基准栅的节距数少 1，形成一个完整的云纹。

如果不是均匀拉伸，应变将是位置 x 的函数，则对应的平均光强需要用应变的积分表示。对应式(8-19)到(8-22)变为

将(0,2b]范围内的平均光强记为 $x=b$ 位置的光强，其值可表达为

$$\bar{I}(b)=\frac{1}{2b}\int_0^{2b} I\,\mathrm{d}x=\frac{b-\int_{2b}^{2b}\varepsilon\,\mathrm{d}x}{2b} \tag{8-23}$$

将(2b,4b]范围内的平均光强记为 $x=3b$ 位置的光强，其值可表达为

$$\bar{I}(3b)=\frac{1}{2b}\int_{2b}^{4b} I\,\mathrm{d}x=\frac{b-\int_{2b}^{4b}\varepsilon\,\mathrm{d}x}{2b} \tag{8-24}$$

将(4b,6b]范围内的平均光强记为 $x=5b$ 位置的光强，其值可表达为

$$\bar{I}(5b)=\frac{1}{2b}\int_{4b}^{6b} I\,\mathrm{d}x=\frac{b-\int_{2b}^{6b}\varepsilon\,\mathrm{d}x}{2b} \tag{8-25}$$

…

将(nb,(n+2)b]范围内的平均光强记为 $x=(n+1)b$ 位置的光强，其值可表达为

$$\bar{I}[(n+1)b]=\frac{b-\int_{2b}^{(n+2)b}\varepsilon\,\mathrm{d}x}{2b}, \quad n \text{ 为偶数} \tag{8-26}$$

平均光强随 x 的变化为阶梯函数，阶梯的宽度为基准栅的节距 $a=2b$。相邻两个节距内的光强平均值的差值的绝对值为

$$|\bar{I}[(n+1)b]-\bar{I}[(n-1)b]|=\frac{1}{2b}\int_{nb}^{(n+2)b}\varepsilon\,\mathrm{d}x\approx\varepsilon[(n+1)b] \tag{8-27}$$

8.3.2　压缩应变测量

图 8-14 中上面的条纹为试件栅，下面的条纹为基准栅。令基准栅的节距为 $a=2b$，b 为黑条纹或白条纹的宽度。如图以基准栅黑条纹和白条纹的交界为原点，建立 x 坐标，坐标的

单位长度为 b。设试件的压缩应变为 $-\varepsilon$，则试件栅的节距为 $2b(1-\varepsilon)$，其中，$b(1-\varepsilon)$ 为黑栅线的宽度，另外 $b(1-\varepsilon)$ 为白栅线的宽度。令白条纹的光强为 1，黑栅线条纹的光强为 0。令黑栅线条纹与任何栅线条纹重叠后的光强均为 0，令白栅线条纹与白栅线条纹叠加后的光强为 1。则有试件栅与基准栅叠加后的光强函数为

图 8-14　均匀压缩

$$I(x)=1, 0<x\leqslant b(1-\varepsilon)$$
$$I(x)=0, b(1-\varepsilon)<x\leqslant 2b$$
$$I(x)=1, 2b<x\leqslant 3b(1-\varepsilon)$$
$$I(x)=0, 3b(1-\varepsilon)<x\leqslant 4b$$
…
$$I(x)=1, nb<x\leqslant (n+1)b(1-\varepsilon)$$
$$I(x)=0, (n+1)b(1-\varepsilon)<x\leqslant (n+2)b$$
…

将 $(0,2b]$ 范围内的平均光强记为 $x=b$ 位置的光强，其值可表达为

$$\bar{I}(b)=\frac{1}{2b}\int_0^{2b} I\,\mathrm{d}x=\frac{1-\varepsilon}{2} \tag{8-28}$$

将 $(2b,4b]$ 范围内的平均光强记为 $x=3b$ 位置的光强，其值可表达为

$$\bar{I}(3b)=\frac{1}{2b}\int_{2b}^{4b} I\,\mathrm{d}x=\frac{1-3\varepsilon}{2} \tag{8-29}$$

将 $(4b,6b]$ 范围内的平均光强记为 $x=5b$ 位置的光强，其值可表达为

$$\bar{I}(5b)=\frac{1}{2b}\int_{4b}^{6b} I\,\mathrm{d}x=\frac{1-5\varepsilon}{2} \tag{8-30}$$

…

将 $(nb,(n+2)b]$ 范围内的平均光强记为 $x=(n+1)b$ 位置的光强，其值可表达为

$$\bar{I}[(n+1)b]=\frac{b-(n+1)b\varepsilon}{2b}=\frac{1-(n+1)\varepsilon}{2},\quad n\text{ 为偶数} \tag{8-31}$$

当基准栅的黑条纹刚好位于试件栅的白条纹中间时，一个基准栅节距内的平均光强最低。之后随着 x 的增加，光强逐渐增加，直至平均光强达到最大值$\frac{1-\varepsilon}{2}$，形成一个周期。此时试件栅的节距数比基准栅的节距数多1，形成一个完整的云纹。

如果不是均匀压缩，应变将是位置 x 的函数，则对应的平均光强需要用应变的积分表示。对应的式(8-28)到(8-31)变为

将(0,2b]范围内的平均光强记为 $x=b$ 位置的光强，其值可表达为

$$\bar{I}(b)=\frac{1}{2b}\int_0^{2b}I\,\mathrm{d}x=\frac{b-\int_b^{2b}\varepsilon\,\mathrm{d}x}{2b} \tag{8-32}$$

将(2b,4b]范围内的平均光强记为 $x=3b$ 位置的光强，其值可表达为

$$\bar{I}(3b)=\frac{1}{2b}\int_{2b}^{4b}I\,\mathrm{d}x=\frac{b-\int_b^{4b}\varepsilon\,\mathrm{d}x}{2b} \tag{8-33}$$

将(4b,6b]范围内的平均光强记为 $x=5b$ 位置的光强，其值可表达为

$$\bar{I}(5b)=\frac{1}{2b}\int_{4b}^{6b}I\,\mathrm{d}x=\frac{b-\int_b^{6b}\varepsilon\,\mathrm{d}x}{2b} \tag{8-34}$$

…

将(nb,($n+2$)b]范围内的平均光强记为 $x=(n+1)b$ 位置的光强，其值可表达为

$$\bar{I}[(n+1)b]=\frac{b-\int_b^{(n+2)b}\varepsilon\,\mathrm{d}x}{2b},\quad n\text{ 为偶数} \tag{8-35}$$

平均光强随 x 的变化函数为阶梯函数，阶梯的宽度为基准栅的节距 $a=2b$。相邻两个节距内的光强平均值差值的绝对值为：

$$|\bar{I}[(n+1)b]-\bar{I}[(n-1)b]|=\frac{1}{2b}\int_{nb}^{(n+2)b}\varepsilon\,\mathrm{d}x\approx\varepsilon[(n+1)b]$$

和式(8-27)具有相同的结果。由此可知，可以用相邻两个节距内的光强平均值的差值绝对值计算当地的应变值。

事实上也可以用两个节距内的平均光强及其差值计算当地的应变值。由式(8-35)可得

$$\bar{I}(n)=\frac{\bar{I}[(n+1)b]+\bar{I}[(n-1)b]}{2}$$

$$\bar{I}(n+2)=\frac{\bar{I}[(n+3)b]+\bar{I}[(n+1)b]}{2}$$

$$\bar{I}(n+4)=\frac{\bar{I}[(n+5)b]+\bar{I}[(n+3)b]}{2}$$

一个节距内的光强差的绝对值除以节距数

$$\frac{|\bar{I}(n+2)-\bar{I}(n)|}{1}=\frac{|\bar{I}[(n+3)b]+\bar{I}[(n+1)b]-\bar{I}[(n+1)b]-\bar{I}[(n-1)b]|}{2}$$

$$\approx\frac{\varepsilon[(n+2)b]+\varepsilon[(n)b]}{2}$$

$$\approx \varepsilon[(n+1)b]$$

两个节距内光强差的绝对值除以节距数

$$\frac{|\bar{I}(n+4)-\bar{I}(n)|}{2}=\frac{|\bar{I}[(n+5)b]+\bar{I}[(n+3)b]-\bar{I}[(n+1)b]-\bar{I}[(n-1)b]|}{4}$$

$$\approx \frac{\varepsilon[(n+5)b]+2\varepsilon[(n+3)b]+\varepsilon[(n+1)b]}{4}$$

$$\approx \varepsilon[(n+3)b] \tag{8-36}$$

这说明计算平均光强时不限制只求一个节距内的光强均值，只要求平均光强时所用的距离大于一个节距就可以。当用两个节距内的平均光强及其差值计算应变时，其光强均值之差除以节距数的商即为当地应变的估算值。对于拉伸应变可以得到相同的结论。

为了方便起见，上面推导时以黑条纹与白条纹的交界为坐标起点，可以证明如果以任意位置为坐标起点可以得到相同的结果。推导时采用的是求一个节距内的平均光强，这是求平均光强时可用的最短距离，平均光强随位置的变化不是连续变化，而是阶梯变化的，阶梯的宽度即为一个节距。实际上可以利用多个节距内的平均光强进行计算，也可以利用多个节距之间的平均光强差值除以节距数求应变。

8.3.3　剪切应变测量

图 8-15 给出了试件发生剪切变形时，对应的栅线与基准栅栅线的相对位置。如图所示，$y=0$ 时试件栅和基准栅栅线完全重合，对应一个节距内的光强均值为

$$\bar{I}(b,0)=\frac{1}{2b}\int_0^{2b} I\,\mathrm{d}x=\frac{1}{2}$$

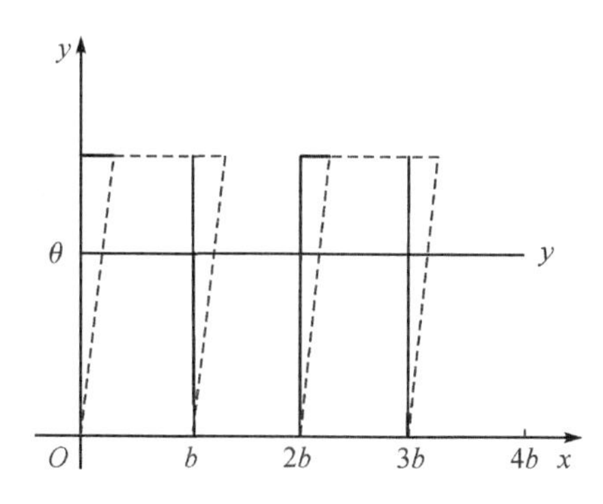

图 8-15　剪切变形光强变化

对于任意位置 y，如图中横线所在的位置，对应一个节距内的光强均值为

$$\bar{I}(b,y)=\frac{1}{2b}\int_0^{2b} I\,\mathrm{d}x=\frac{b-y\tan\theta}{2b} \tag{8-37}$$

光强均值对 y 的导数为

$$\frac{\partial \bar{I}(b,y)}{\partial y}=\frac{-\tan\theta}{2b}$$

$$|\tan\theta|=\left|2b\frac{\partial \bar{I}(b,y)}{\partial y}\right| \tag{8-38}$$

当 θ 值很小时，上式可以写为

$$|\theta| = \left| 2b \frac{\partial \bar{I}(b,y)}{\partial y} \right| \tag{8-39}$$

一般情况下，对任意位置 x，可以用$[x-b, x+b]$范围内光强的均值 $\bar{I}(x,y)$沿 Oy 方向的光强对 y 的偏导数，计算点(x,y)处的剪应变为

$$|\theta| = \left| 2b \frac{\partial \bar{I}(x,y)}{\partial y} \right| \tag{8-40}$$

即可以用光强对 y 的导数计算剪应变。

上式同样可以用于一般应变场的剪应变计算。

由上面的分析可以看出，根据光强的变化只能求出应变的绝对值，应变的正负可以用理论分析和单独旋转基准栅法来判断，也可以用单独考察试件栅光强变化判断。

对比图 8－13 和图 8－14 可以看出，对于正应变，当垂直于试件栅线方向（x 方向），相邻两个光强从 0 到 1（或从 1 到 0）阶跃处的距离大于 $2b$ 时为拉伸应变，小于 $2b$ 时为压缩应变。对于剪应变，根据图 8－15 可以看出，以光强从 0 到 1 阶跃处为起点，求垂直于光栅方向 $0\sim b$ 范围内的光强均值，当该光强均值沿基准栅栅线的正（y）方向是减少的，剪应变分量为正；反之，剪应变分量为负。

将试件栅和基准栅旋转 90°，用同样的方法可以得到另一个方向的正应变和剪应变分量。由此可以得到整个应变场。

实际测量时，如图 8－16 所示，我们可以利用不同颜色的方块组成正交栅，采集变形前后的图片。将采集的图片进行处理，首先令蓝为 0，黑为 0，红为 1，绿为 1，这样可以组成横条纹平行栅线；如果令黑为 0，绿为 0，蓝为 1，红为 1，即可以组成竖条纹的平行栅线。这样即可通过一次实验、两次计算获得所需两个方向的正应变分量和剪应变分量。

A 蓝	B 黑	A 蓝	B 黑
C 红	D 绿	C 红	D 绿
A 蓝	B 黑	A 蓝	B 黑
C 红	D 绿	C 红	D 绿

图 8－16　彩色正交栅

注：蓝、黑、红、绿分别表示蓝色、黑色、红色、绿色

由此可以看出，数码云纹法得到的应变为云纹栅一个节距内的均值，而不需要根据云纹间距计算应变值，计算精度更高，给出的应变值更接近于局部应变场。同时由于可以利用变形前试件栅的照片作为基准栅，所以实际测量时不需要准备基准栅。

综上所述，数码云纹法有以下特点。

(1)数码云纹法是利用相邻基准栅节距内平均光强的差值的绝对值计算当地应变的，给出

的是这两个节距内的平均应变，也可以利用相邻多个基准栅节距光强的平均值差值的绝对值除以节距数获得当地应变，给出的是这多个节距内的平均应变。

(2)数码云纹法不需要基准栅，基准栅可以用变形前的试件栅照片代替，所以数码云纹法的试件栅和基准栅相同。

(3)对试件栅的节距没有特殊要求，即使栅的双色栅线宽度由于某种原因有些微不同，对测量结果没有影响，仅仅影响可测应变范围。

(4)测出的应变为一个节距内的平均应变，所以对应力集中区尽量采用小节距云纹栅，对应变变化缓慢的区域可采用大节距云纹栅。小节距云纹栅对采集相机的分辨率要求较高。

(5)数码云纹法最大应变测量范围的绝对值不能大于 50%，但对大于 50%的应变范围的测量可以通过直接测量节距宽度的变化量获得，所以结合图像处理方法该方法可测最大应变范围不受限制。

(6)数码云纹法最小应变测量范围只和采集相机的分辨率有关，和云纹栅节距没有关系，同时由于该方法所用的光强不是图片采集的实际光强，所以该方法不受环境光强的影响。

(7)应变的正负号可以通过试件栅光强变化或几何变化的方法获得。

(8)可以利用彩色正交栅同时测量全场应变，而不需要像普通云纹法一样采用滤波的方法分离相互垂直方向的应变场。

8.4　云纹应变测量装置

云纹应变测量装置主要有以下几种。

8.4.1　透射式云纹应变测量装置

云纹应变测量装置可以根据实际需要设计。在测量有机玻璃、环氧树脂等透明材料试件的应变时，可以使用透射式，其装置如图 8-17 所示。将试件粘贴试件栅后与基准栅(制在玻璃板上)对准并紧密接触，光源经过透镜后变成平行光，从试件背后透过，当试件变形后，形成的云纹图像由照相机拍摄，或在相机后毛玻璃上观察或绘制。

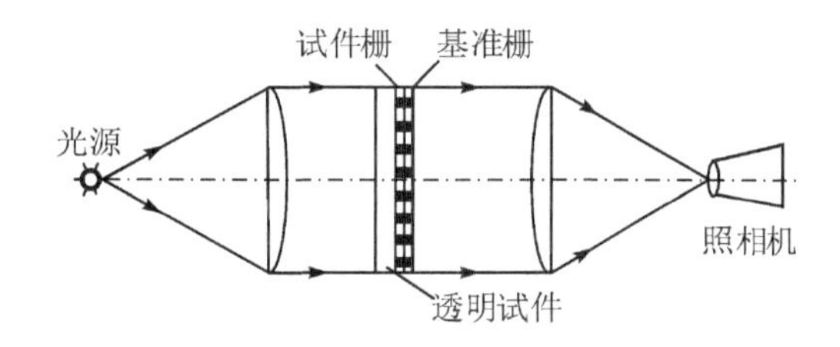

图 8-17　透射式云纹应变测量装置

8.4.2　反射式云纹应变测量装置

反射式云纹应变测量装置主要是在测量金属等不透明材料试件的应变时使用，其示意图如图 8-18 所示。

试件粘贴或刻制栅线后与基准栅对准并紧密接触，平行光由如图 8-18 所示方向入射，当试件变形后，产生的云纹图像经反射由照相机拍摄，或在毛玻璃上观察或绘制。

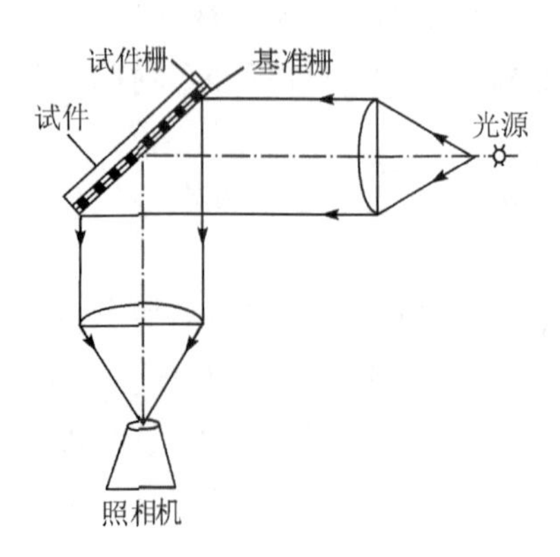

图 8-18 反射式云纹应变测量装置

8.4.3 影像干涉法云纹应变测量装置

影像干涉法云纹应变测量装置示意图如图 8-19 所示，试件上的栅线在变形后的图像，通过透镜投射在毛玻璃上，与基准栅干涉形成云纹图像，由照相机拍摄。此法的优点是基准栅与试件栅不直接接触，因而，当试件处在真空、高温环境或腐蚀环境等时，基准栅可置于常温中，所以这种装置可用来进行环境箱内的应变及动应变的测量。

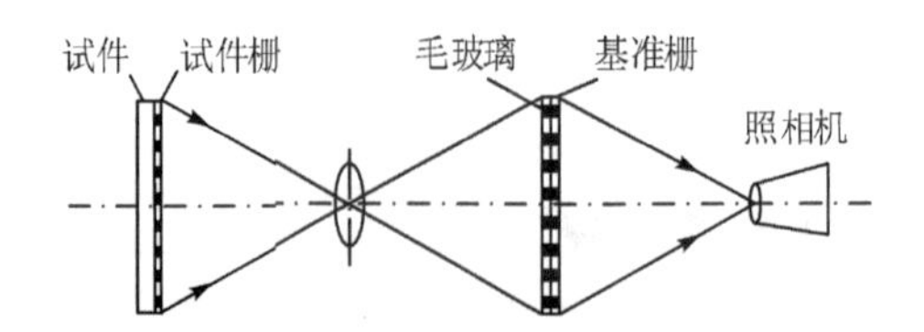

图 8-19 影像干涉法云纹应变测量装置

8.4.4 二次曝光法云纹应变测量装置

二次曝光法云纹应变测量可采用两种方法，一种是将试件粘贴试件栅后，在未变形前，通过相机对底片进行第一次曝光，试件变形后，进行第二次曝光，在底片上形成云纹图像(图 8-20(a))。另一种在试件上涂一层感光胶，在变形前用平行光将光栅栅线投影在试件上，进行第一次曝光，试件变形后再将光栅栅线投影到试件上进行第二次曝光。当试件恢复原形后，第二次感光影像相当于变形后(方向相反)的试件栅线，第一次则相当于不变形的基准栅，因此经显影后即得云纹图像。用此法测量应变时只需一块栅板，甚至可用激光干涉条纹来代替光栅(图 8-20(b))。

采用二次曝光方法，要求底片分辨率高，能分辨光栅的栅线，否则得不到云纹图像。

8.4.5 数码云纹应变测量装置

由于数码云纹测量不关心云纹间距，只需要关心一个节距内的光强均值，所以对云纹栅的

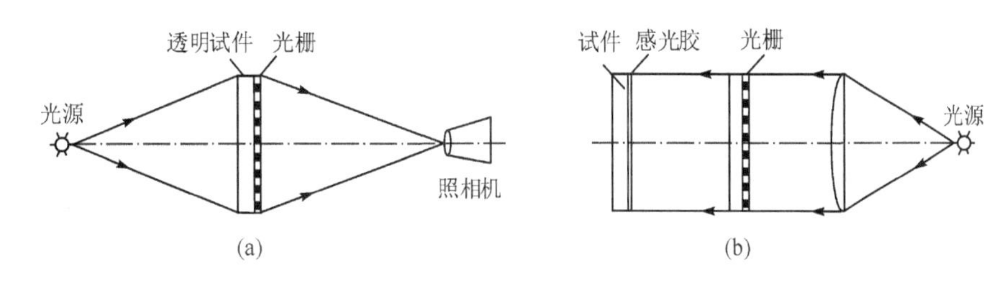

图 8-20　二次曝光法云纹应变测量

栅距要求不高,可以用相对较宽的节距的云纹栅线。对透明或不透明物体就可以只记录试件栅在变形过程中的试件栅变形图像,不需要设置基准栅,因此只需要光学成像装置(比如普通照相机)就可以,并可以采用普通照明光源。

8.5　云纹栅的制作

用云纹方法测量应变、位移等时,"云纹栅"是一个重要元件,"云纹栅"的质量直接影响测量结果。一般要求栅线的线条平行、粗细均匀、交界分明,如果粘贴在试件上,则要求牢靠、紧贴在试件上、不能有气泡产生。根据测试对象不同,栅线的密率有不同的选择,测应变时,在小应变范围内,栅线每毫米需 50 根以上;在大应变塑性范围内,则栅线每毫米在 10～50 根之间。现在已可制造每毫米数百根栅线以上的栅板。

栅板的制造方法很多,常用的有以下几种方法。

8.5.1　贴片法

先用光刻或精密照相制成的高精度栅板作"母板",然后用此"母板"作负片,采用照相复制方法翻印在超微粒胶片和玻璃干板上,胶片粘贴在试件上作试件栅,玻璃板作基准栅。胶片粘贴可使用粘贴应变片的 502 胶,因 502 胶干燥较快,对于大面积试件可采用 914 胶,粘贴的胶层要薄而均匀,不能有气泡。粘贴前试件需经打磨、清洗等工序,粘贴后使胶片均匀受压直到黏结剂凝固为止。另外对于刚度比较低或较薄的试件,可在胶片粘贴后,将胶片基底剥去(图 8-21),在试件上仅留下一层带栅线网格的感光胶膜,这样附加加强效应就很小了。贴片法的主要优点是操作方便、经济,但不能在较高温度下使用。

8.5.2　光刻法

在试件表面涂上一层感光材料,用"母板"作负片对感光层进行曝光,显影后用水冲洗掉未感光部分,用化学药品腐蚀试件露出部分,清除感光部分药膜,即制成试件栅,其工艺如图 8-22所示。用光刻法直接刻在试件上制成试件栅的主要优点是栅线由试件材料组成,因此能在高温环境下进行测量,但每一试件均需进行光刻工序,并且反差较小。

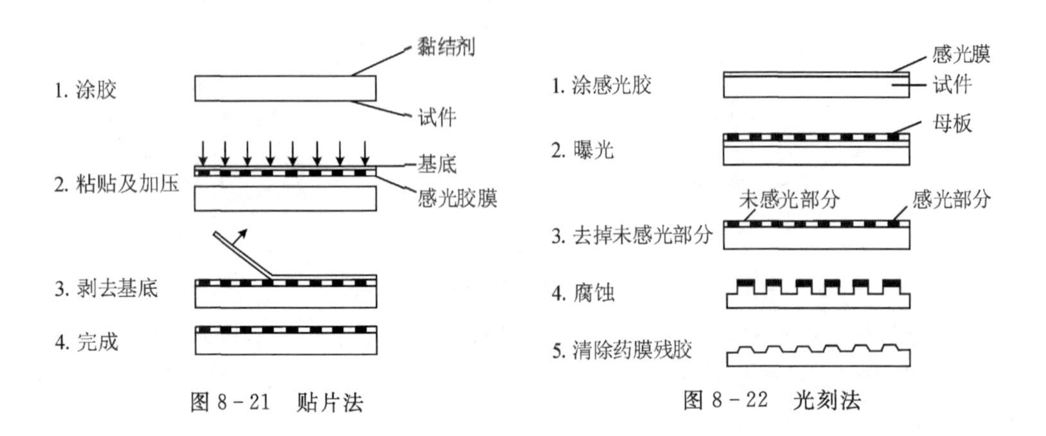

图 8-21　贴片法　　　　图 8-22　光刻法

8.5.3　机刻法

用特制切片机刻制试件栅。试件装在切片机的运动头上，运动头向下运动时金钢锥就在试件表面刻一细线，向上运动时金钢锥就缩回不刻线，于是刻成栅线。此法能制作每毫米 100 条以上的栅线，但栅线间反差较弱，需再经抛光。机刻法刻制的试件栅可在高温测量中应用。

8.5.4　计算机辅助制作

可以通过计算机设计不同的云纹栅，通过打印等制作方法将设计好的云纹栅打印到特定的薄膜或试件上。

实验 8.1　用云纹方法测量圆盘应变

实验目的

(1)通过圆盘应变测量，掌握云纹应变测量方法。

(2)掌握云纹应变测量中数据处理及计算方法。

(3)掌握云纹栅的制作方法。

实验内容

用有机玻璃材料做成圆盘试件，利用计算制作云纹栅，将云纹栅粘贴在试件上，对径向加载，编制计算程序，采用数码云纹法求得圆盘的应变分布，并和理论解进行对比。

第 9 章　散斑干涉测量技术

散斑干涉法与全息干涉法类似，有非接触和无损的优点，可用于实物测量，测量灵敏度高，设备简单，根据所采用的分析技术，可以给出逐点的或全场的信息。散斑图的求值明确，过程简单，可直接给出物体表面的面内位移，亦可用来研究物体的振动，使用脉冲激光器，可用于解决瞬态问题。当与其它方法如激光全息干涉法配合时，能很快给出物体表面三维位移场，而与散射光法配合时，可测量透明物体内部的变形。

9.1　激光散斑现象及计量原理

当激光(相干光)照射物体漫射物面时，漫射物面像呈现出无数微小光点，由这些光点所发出的相干子波在物体前方空间彼此相互干涉。如果相干子波的相位差满足相长干涉条件，则在空间形成亮点；如果其相位差满足相消干涉条件，则在空间形成暗点。一般情况下，这些漫射相干子波之间的相位差是随机分布的，因而在空间形成的亮点和暗点也是随机分布的，这种在漫射物面周围空间所形成的具有颗粒状结构的随机分布的亮点和暗点就称为散斑。

在一个特定截面上记录的散斑分布图像称为散斑图(Specklegram)。散斑图是具有高对比度的颗粒状图像，由于相干光照射的光学粗糙物面的大量散射光波的随机干涉而形成。典型的散斑图如图 9－1 所示。

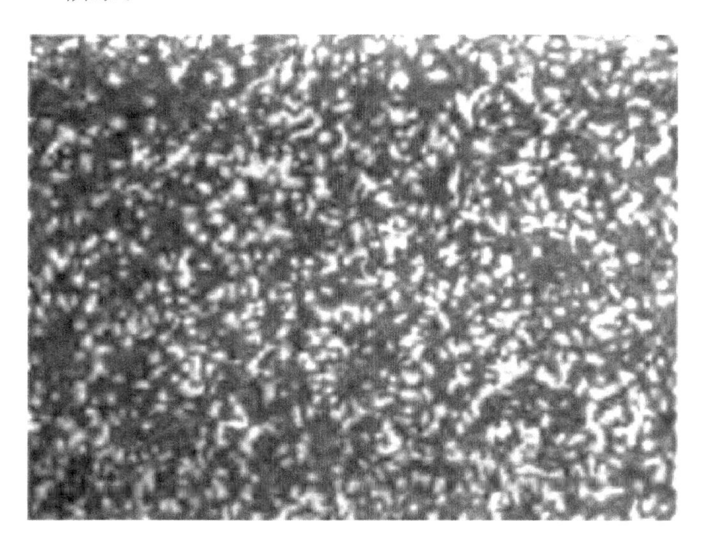

图 9－1　典型的散斑图

当高度相干光照射的光学粗糙物面发生位移或变形时，物面周围空间所形成的散斑分布将按一定的规律发生运动或变化，散斑计量就是将物体表面前方空间的散斑场记录下来，通过分析记录在散斑图上的散斑的运动或变化可以获得物体的位移和变形。

常用的散斑计量技术包括散斑照相法、散斑干涉法和散斑剪切干涉法。如果记录的散斑图是由漫射物面不同部分的随机漫射子波之间的干涉效应而形成,则称为散斑照相技术。如果记录的散斑图是由漫射物面的随机漫射子波与另一参考光波之间的干涉效应而形成,则称为散斑干涉技术。散斑干涉技术包括测量物体位移和变形的散斑干涉法和测量物体斜率(离面位移导数)和应变(面内位移导数)的散斑剪切干涉法。

9.2 散斑照相法

散斑照相法也称为单光束散斑干涉法 (one-beam speckle interferometry),要求对两个瞬时的散斑场进行双曝光记录,即物体变形前后的散斑场记录在同一张全息底片上。对显影和定影后的全息底片进行滤波,可以获得记录在全息底片上的散斑位移,然后再通过物点和像点之间的位移关系得到物体的位移或变形信息。

9.2.1 散斑图记录

散斑照相记录系统如图 9-2 所示。用一束激光照射物面,在像面(图 9-2(a))或距离物面一定距离内的底片上(图 9-2(b))记录散斑图,也可以通过成像透镜将散斑成像面引到距物体一定距离的像面(图 9-2(c))。通过两次曝光把对应于物体位移或变形前后的两个状态记录在同一张底片上,形成双孔散斑图。将散斑图放入全场滤波系统进行滤波,将产生像面散斑沿滤波孔方向的面内位移的等值条纹。

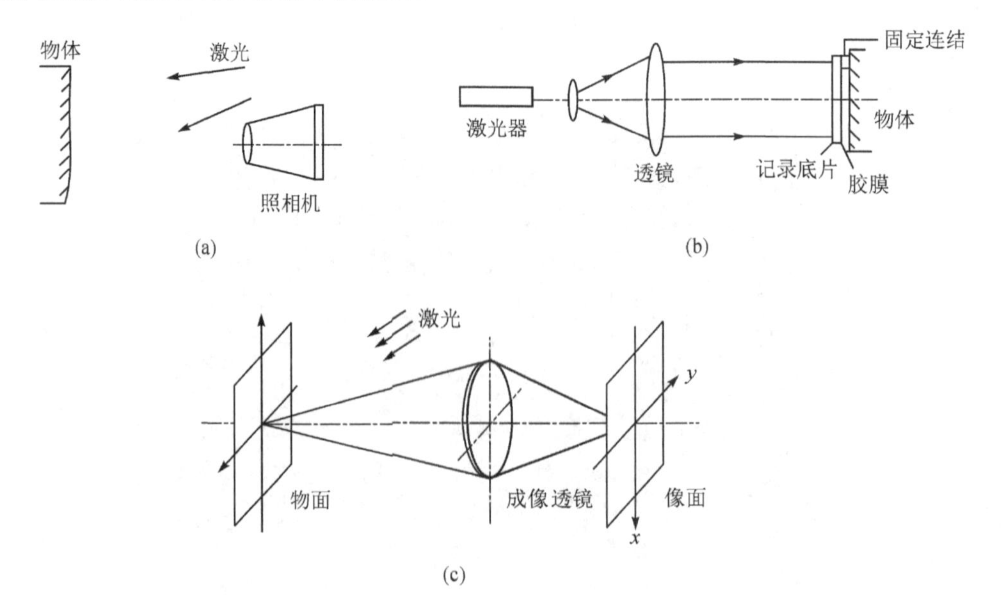

图 9-2　散斑照相记录系统

设物体变形前后的光强分布分别由 $I_1(x,y)$ 和 $I_2(x,y)$ 表示,则

$$I_2(x,y)=I_1(x+u,y+v) \tag{9-1}$$

式中：u 和 v 分别为散斑图上点(x,y)处在 x 和 y 方向的位移分量。当物体发生面内位移或变形时，则

$$\begin{aligned} u &= Mu_0 \\ v &= Mv_0 \end{aligned} \tag{9-2}$$

式中：M 为成像系统放大倍数；u_0 和 v_0 分别为物面上点(x_0,y_0)处沿 x_0 和 y_0 方向的位移分量。

设两次曝光时间均为 t，则双曝光散斑图的曝光量可表示为

$$E(x,y)=t[I_1(x,y)+I_2(x,y)] \tag{9-3}$$

经显影和定影后，在一定曝光量范围内，双曝光散斑图的振幅透射率与曝光量成线性关系，若取比例常数为 1，双曝光散斑图的振幅透射率为

$$T(x,y)=t[I_1(x,y)+I_2(x,y)] \tag{9-4}$$

9.2.2　散斑图滤波

把双曝光散斑图放入图 9-3 系统中进行分析，并用单位振幅的平行光照射双曝光散斑图，则在傅里叶变换面上的频谱分布为

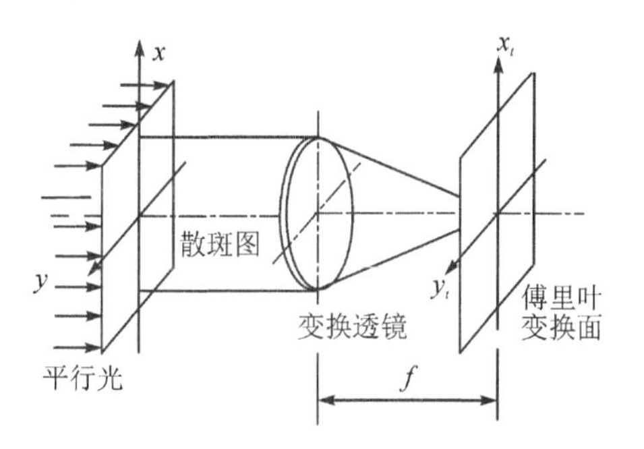

图 9-3　傅里叶变换

$$F[T(x,y)]=t\{F[I_1(x,y)]+F[I_2(x,y)]\} \tag{9-5}$$

式中：$F[\ \ ]$ 表示傅里叶变换。

利用傅里叶变换的平移定理，可得

$$\begin{aligned} F[I_2(x,y)] &= F[I_1(x+u,y+v)] \\ &= F[I_1(x,y)]\exp\left[-\mathrm{i}\frac{2\pi}{\lambda f}(ux_t+vy_t)\right] \end{aligned} \tag{9-6}$$

式中：λ 为波长；f 为傅里叶透镜的焦距；(x_t,y_t)为傅里叶变换面上沿 x 和 y 方向的坐标。

式(9-5)可写为

$$F[T(x,y)]=tF[I_1(x,y)]\left\{1+\exp\left[-\mathrm{i}\frac{2\pi}{\lambda f}(ux_t+vy_t)\right]\right\} \tag{9-7}$$

因此，经过傅里叶变换后在傅里叶变换平面上的衍射晕光强分布为

$$\begin{aligned} I(x_t,y_t) &= |F[T(x,y)]|^2 \\ &= 2t^2\ |F[I_1(x,y)]|^2\left\{1+\cos\left[\frac{2\pi}{\lambda f}(ux_t+vy_t)\right]\right\} \end{aligned} \tag{9-8}$$

由上式可见,衍射晕光强 $|F[I_1(x,y)]|^2$ 受余弦函数 $\left\{1+\cos\left[\frac{2\pi}{\lambda f}(ux_t+vy_t)\right]\right\}$ 调制,即在傅里叶变换平面上的衍射晕中将出现干涉条纹。通常散斑图上各点的位移大小和方向互不相同,此时傅里叶变换平面上出现的是各种间隔和各种取向的干涉条纹的叠加,因而在傅里叶变换平面上一般不能直接观察到干涉条纹,但通过逐点滤波(pointwise filtering)或全场滤波(wholefield filtering),就可以观察到这些干涉条纹。

1. 逐点滤波法

用细激光束照射双曝光散斑图上点 P,如图 9-4 所示。由于双曝光散斑图上被照射的区域很小,因此在照射区域内散斑的位移大小和方向都可以看成常数,则在观察面上可以直接呈现清晰的杨氏条纹。散斑的位移方向垂直于杨氏条纹,散斑的位移大小反比于杨氏条纹间距,则散斑图上点 P 处的位移 d 大小可表示为

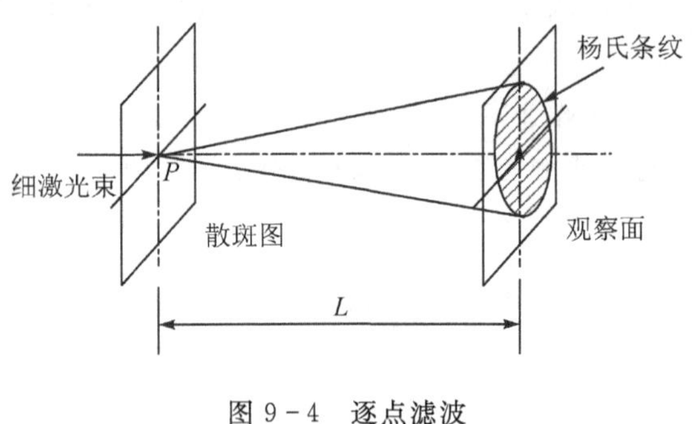

图 9-4　逐点滤波

$$d=\frac{\lambda L}{\Delta} \tag{9-9}$$

式中:λ 为照射激光波长;L 为散斑图到观察屏面的距离;Δ 为杨氏条纹的间距,位移的方向与杨氏条纹垂直。物体上 P 点的实际位移大小要用照相时的放大倍数加以修正。

2. 全场滤波法

全场滤波光路系统如图 9-5 所示。

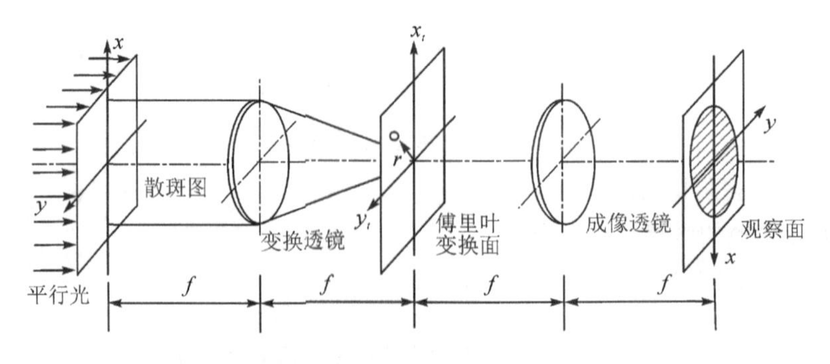

图 9-5　全场滤波系统

由公式(9-8)可以看出,当只让变换面上点 (x_t,y_t) 的光透过变换面时,透射过的光的干涉条纹仅仅与各点的位移 (u,v) 大小有关,因此可以利用在傅里叶变换面上不同位置开滤波孔的方法得到全场位移。可以发现,当滤波孔沿径向移动时,干涉条纹的疏密发生连续变化,滤波孔离光轴越远条纹越密;当滤波孔沿周向移动时,干涉条纹的方向发生连续变化。干涉条纹表示散斑图上各点沿滤波孔所在半径方向位移的等值条纹。实际操作时可以通过分别在 x 轴和 y 轴上开滤波孔的方法得到 x 方向的位移场 u 和 y 方向的位移场 v。当滤波孔处于 $(x_t, 0)$ 位置时,由式(9-8)知,出现亮纹的条件为

$$\frac{2\pi}{\lambda f}ux_t = 2m\pi, \quad (m = 0, \pm 1, \pm 2, \cdots) \tag{9-10}$$

$$u = \frac{\lambda f m}{x_t}, \quad (m = 0, \pm 1, \pm 2, \cdots) \tag{9-11}$$

同理,当滤波孔处于$(0, y_t)$位置时,亮条纹对应的位移为

$$v = \frac{\lambda f n}{y_t}, \quad (n = 0, \pm 1, \pm 2, \cdots) \tag{9-12}$$

式中:m、n 为对应的亮条纹的条纹级数;(u, v)为散斑图上对应点的位移,实际物体上对应点的位移可由照相时的放大倍数修正。

9.2.3　散斑照相法的应用

由前节分析可知,利用散斑干涉法很容易测得物体表面的面内位移。在平面问题中,当对两次曝光所得到的散斑图进行全场傅里叶变换分析时,需要沿着两个垂直方向或任意三个不平行方向进行滤波,得到相应的位移分量。

作为例子,图 9-6 给出一悬臂梁在自由端承受集中载荷时的挠度,利用加载前后两次曝光得到散斑图,再用逐点法和全场法分析得到条纹图,图 9-6(a)为用逐点法沿梁中性轴上六个点得到的条纹图,图中的数值表示各点的挠度。图 9-6(b)为用全场分析法,滤波孔在 y 轴上不同位置得到的条纹图,图中的数值是条纹值(即每条条纹所代表的位移)。可以发现,此实验结果与理论计算结果符合得很好。

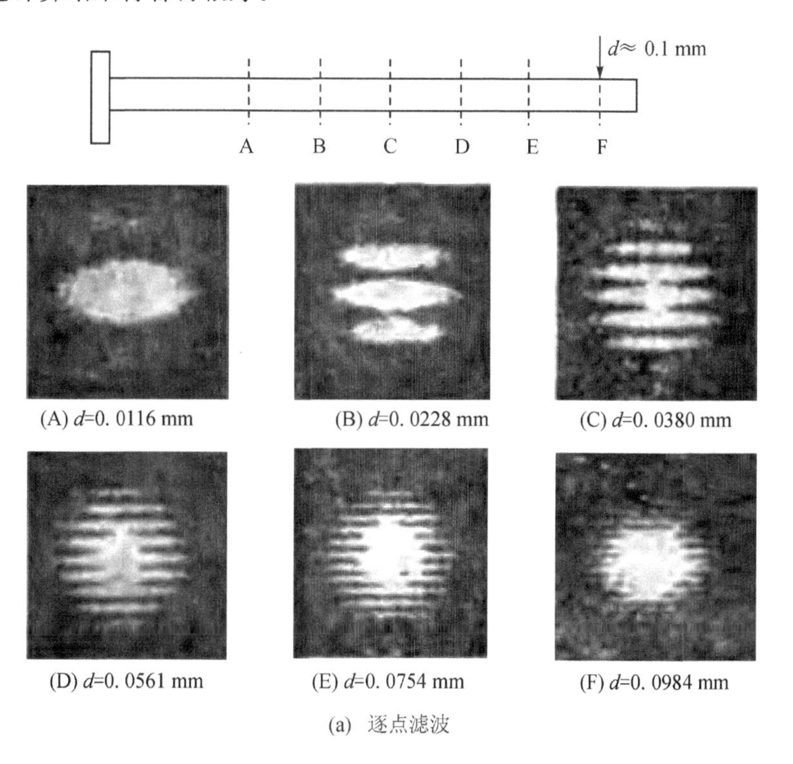

(a)　逐点滤波

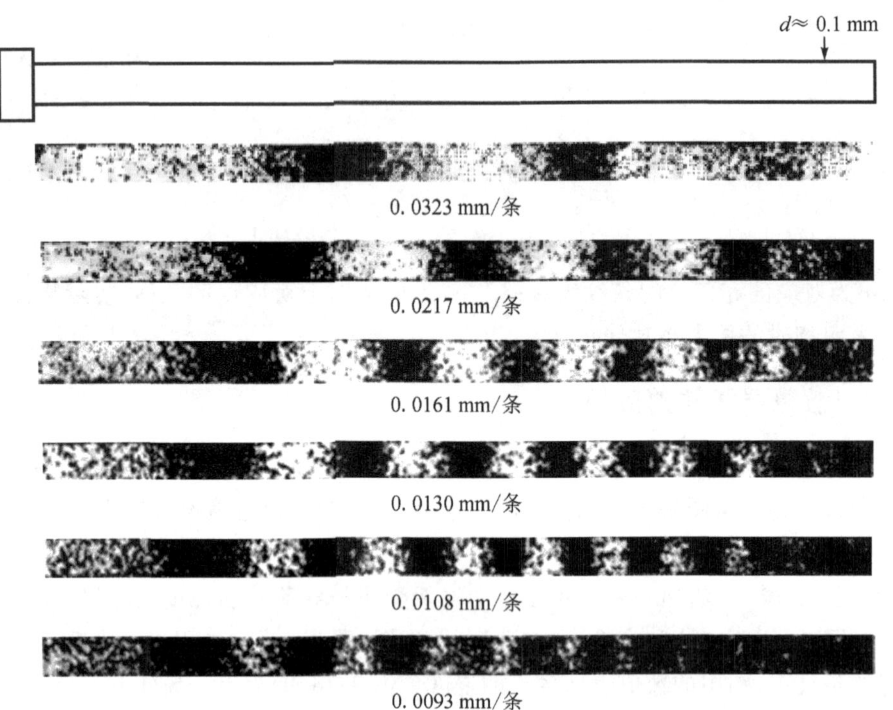

(b) 全场滤波法，不同位置滤波时悬臂梁的等值条纹图

图 9－6　散斑照相法的应用

9.3　散斑干涉法

当同时有两束激光照射物体表面时，称为散斑干涉法(speckle interferometry, SI)，也称为双光束散斑干涉法(two-beam speckle interferometry)，同散斑照相法相比，散斑干涉法的灵敏度有很大提高。散斑干涉法的基本原理和基础理论来源于全息干涉，在全息干涉和散斑干涉中因物体的变形而引起的相位变化具有相同的表示形式。

散斑干涉法可用于面内位移测量和离面位移测量，针对不同的测量要求，散斑干涉法具有不同的测量系统。

9.3.1　面内位移测量

图 9－7 所示为测量物体面内位移的散斑干涉系统。用两束激光对称照射物面，物体变形前在全息底片上进行第一次曝光记录，物体变形后在同样的全息底片上再进行第二次曝光记录。

对散斑图进行滤波，双曝光散斑图将产生沿 x 方向的面内位移分量的等值条纹。

物体变形前像面的光强分布可表示为

$$I_1(x,y)=I_{o1}+I_{o2}+2\sqrt{I_{o1}I_{o2}}\cos\varphi \tag{9-13}$$

式中：I_{o1} 和 I_{o2} 为两束入射光的光强分布；φ 为两束入射光的相位差。

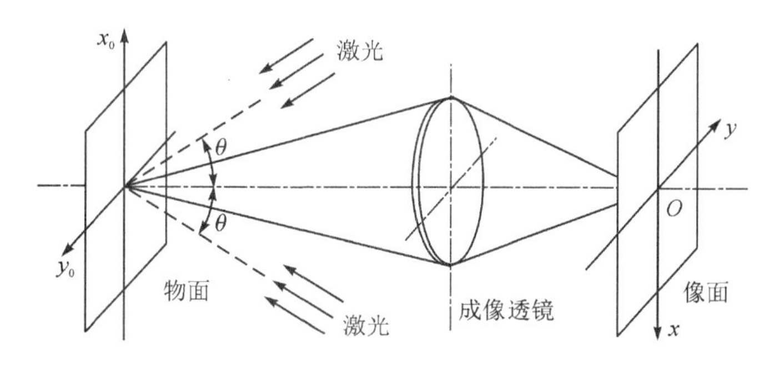

图 9-7　面内位移全息干涉法测量系统

物体变形后第二次曝光的光强分布为

$$I_2(x,y)=I_{o1}+I_{o2}+2\sqrt{I_{o1}I_{o2}}\cos(\varphi+\delta) \tag{9-14}$$

式中：$\delta=\delta_1-\delta_2$，其中 δ_1 和 δ_2 是由于物体变形而引起的两入射光波的相位变化，δ_1 和 δ_2 与位移分量有如下关系：

$$\delta_1=\frac{2\pi}{\lambda}[w(1+\cos\theta)+u\sin\theta]$$
$$\delta_2=\frac{2\pi}{\lambda}[w(1+\cos\theta)-u\sin\theta] \tag{9-15}$$

式中：λ 为入射激光波长；θ 为图 9-7 所示的两束入射光与光轴之间的夹角；u 和 w 分别为沿 x 和 z 方向的位移分量。

因此，由物体变形而引起的两入射光波的相对相位变化为

$$\delta=\frac{4\pi}{\lambda}u\sin\theta \tag{9-16}$$

设对应物体变形前后的两次曝光时间均为 t，双曝光散斑图经显影和定影后振幅透射率与曝光量成线性关系，若取比例常数为 1，那么双曝光散斑图的振幅透射率为

$$\begin{aligned}T(x,y)&=t[I_1(x,y)+I_2(x,y)]\\&=2t(I_{o1}+I_{o2})+4t\sqrt{I_{o1}I_{o2}}\cos\left(\varphi+\frac{\delta}{2}\right)\cos\frac{\delta}{2}\end{aligned} \tag{9-17}$$

由于背景光强 $2t(I_{o1}+I_{o2})$ 的干扰，直接从上述双曝光散斑图看不到干涉条纹，但是通过全场滤波（图 9-8），滤掉背景光强后，就可以观察到干涉条纹。

式(9-17)中的 φ 为随机快速变化函数，因此含有 φ 的余弦函数为高频成分。将双曝光散斑图置于滤波系统中进行滤波后，在满足下列条件 $\cos\dfrac{\delta}{2}=0$ 时，即当

$$\delta=(2n+1)\pi,(n=0,+1,+2,\cdots) \tag{9-18}$$

将得到暗纹。对应可得到 x 方向的位移 u

$$u=\frac{(2n+1)\lambda}{4\sin\theta},(n=0,\pm1,\pm2,\cdots) \tag{9-19}$$

要想得到 y 方向的位移需要将入射光方向绕光轴旋转 90°再进行一次测量。由此可以看出散斑照相法一次试验可以得到全场的位移，而散斑干涉法一次试验只能得到一个方向的位

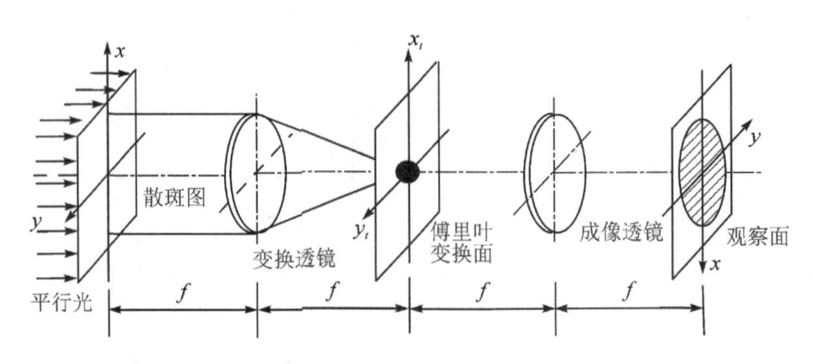

图 9-8　全场滤波系统

移分量。

如果将式(9-14)和式(9-13)相减,求平方可得

$$(I_2(x,y)-I_1(x,y))^2=8I_{o1}I_{o2}\sin^2\left(\varphi+\frac{\delta}{2}\right)(1-\cos\delta) \tag{9-20}$$

经过低通滤波,即可得到关于相位差 δ 的干涉条纹,根据条纹级数即可获得相应的面内位移。这种将两幅图片光强相减的方法即为数字散斑干涉法。这是因为利用数码图像采集的方法可以将两次曝光的散斑图分别记录,可以采用两图像相减的方法处理相关信息。采用数字散斑干涉法时,图像采集是通过数码相机完成的。

9.3.2　离面位移测量

测量物体离面位移的散斑干涉系统如图 9-9 所示。像面光强因参考光波同物面散斑场的干涉而产生。在物体变形前后分别进行曝光,所得到的双曝光散斑图在进行滤波时将得到离面位移场的等值条纹。

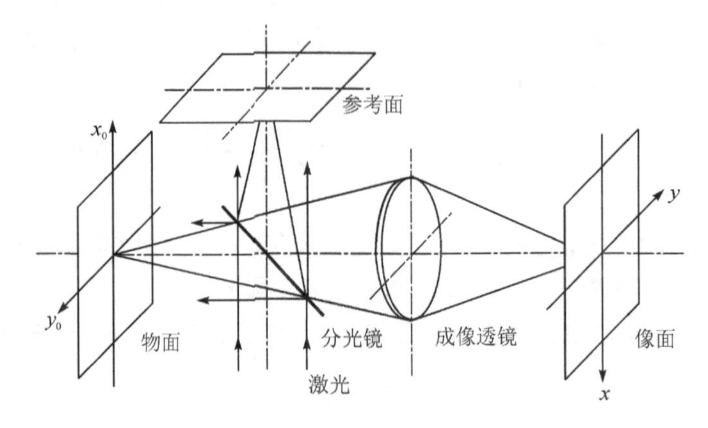

图 9-9　离面位移散斑干涉法测量系统

第一次曝光:

$$I_1(x,y)=I_o+I_r+2\sqrt{I_oI_r}\cos\varphi \tag{9-21}$$

式中:I_o 和 I_r 分别为对应于物体光波和参考光波的光强分布;φ 为物体光波和参考光波的相位差。

对应第二次曝光的光强分布为

$$I_2(x,y)=I_o+I_r+2\sqrt{I_oI_r}\cos(\varphi+\delta) \tag{9-22}$$

式中：δ 为因物体变形而引起的物体光波和参考光波的相对相位变化，由下式表示

$$\delta=\frac{4\pi}{\lambda}w \tag{9-23}$$

式中：w 为离面位移分量。

经过两次曝光，则双曝光散斑图的光强分布可表示为式(9-20)和(9-21)的和：

$$I(x,y)=2(I_o+I_r)+4\sqrt{I_oI_r}\cos\left(\varphi+\frac{\delta}{2}\right)\cos\frac{\delta}{2} \tag{9-24}$$

双曝光散斑图置于滤波光路中进行滤波后，形成干涉条纹，根据条纹级数即可获得对应的离面位移。

对比式(9-21)和(9-22)，可以发现两式差的平方为

$$(I_2(x,y)-I_1(x,y))^2=8I_oI_r\sin^2\left(\varphi+\frac{\delta}{2}\right)(1-\cos\delta) \tag{9-25}$$

经过低通滤波可以得到关于相位差 δ 的干涉条纹，根据条纹级数即可获得相应的离面位移。这种将两幅图片光强相减的方法即为数字散斑干涉法。

实验9.1　散斑法实验

实验目的

初步掌握散斑照相技术及信息处理方法。

实验要求

(1)用两次曝光法拍摄悬臂梁自由端承受集中载荷前后的散斑图。

(2)利用逐点分析法和全场分析法测量悬臂梁的挠度。

(3)与理论值进行比较。

第 10 章　数字图像分析方法

10.1　图像相关分析法

数字图像相关法(digital image correlation method, DIC)根据物体变形前后散斑场的相关性来获取物体的位移和变形。利用该方法可以在变形后的散斑场中识别出对应于变形前的散斑场,因此数字图像相关处理的是物体变形前后的两个散斑场。一般来说,只要能得到反映被测对象不同状态的数字图像,而且这些图像是由具有一定信噪比的散斑场构成,就能应用数字图像相关技术进行位移和变形的测量。由于数字图像相关所涉及的是散斑场,因此数字图像相关法也称为数字散斑相关法(digital speckle correlation method, DSCM)。这里所需的散斑场可以是激光散斑场,也可以是人工散斑场。激光散斑场对光源要求较高,一般只能在实验室内完成。这里主要介绍人工散斑场的测量方法。所用数据处理方法同样适用于激光散斑图的分析。

数字图像相关技术是 20 世纪 80 年代由 Yamaguchi 和 Peter 等提出的位移和变形测量技术。数字图像相关技术是非条纹测量技术,它通过对物体变形前后散斑场进行相关运算,根据相关系数算出位移和变形。数字图像相关的优点是:①非接触全场测量;②测量系统简单,不受光源限制,不涉及干涉条纹处理;③表面处理简便,可利用物体表面的自然斑点,也可采用人工斑点;④对测量环境要求低,便于工程应用;⑤数据采集简单,自动化程度高。因此数字图像相关法是一种比较理想的位移和变形测量技术。

10.1.1　图像相关原理

数字图像相关分析法考虑变形前后两幅图像,在变形前的图像(或参考图像)中选定一子区,通过一定的相关计算在变形后的图像中寻找出与选定子区完全相关或相关性最大的子区,其对应的像素位移值即为该子区对应点的最大可能位移值。如图 10－1 所示的两幅图像,其中一幅作为参考图像(图 10－1(a)),另一幅作为变形图像(图 10－1(b))。选图像的左上角为坐标系原点,坐标轴如图所示,以像素为计算单位。在参考图像上选定测量区域(region to be measured)作为位移场求值区域,设 $D(x_i, y_j)$ 为该区域内部选定任意一点,在 D 点周围选 $(2n+1)$ 像素 $\times(2n+1)$ 像素的一个子区(subset),该子区内对应像素点的灰度值或颜色(RGB)值的组合可以用来描述该子区的特征。由于第二张图像是由第一张图像变形所得,所以第二张图像上任意一点,均可以用第一张图像上的坐标加上对应的位移得到。设变形图像相对于参考图像 x 和 y 方向的位移场分别为 $u(x, y)$ 和 $v(x, y)$,则参考图像和变形图像的特征函数分别为 $f_1(x, y)$ 和 $f_2(x+u, y+v)$,即对应于参考图像上 (x, y) 点的特征值应当和变形图像上 $(x+u, y+v)$ 点的特征值相等,即:

$$f_1(x, y)=f_2[x+u(x, y), y+v(x, y)] \tag{10-1}$$

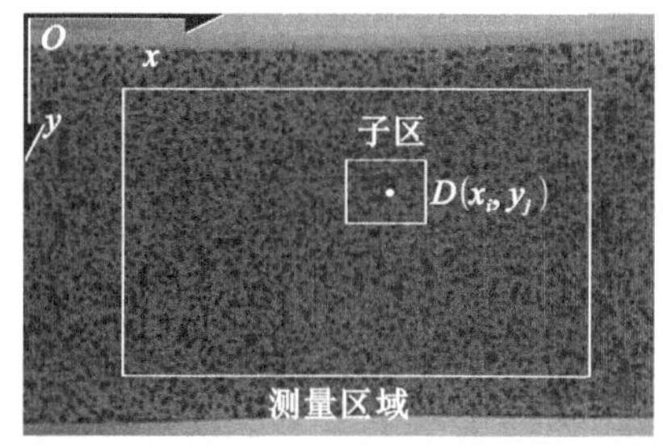

(a) 参考图像及坐标系

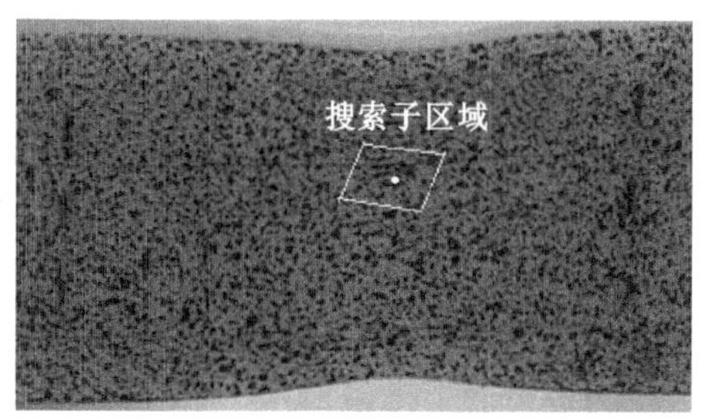

(b) 变形图像

图 10 - 1　物体变形前后的图像

可以看出变形前点 $D(x,y)$ 变形后移动到点 $[x+u(x,y),y+v(x,y)]$，变形前与 D 点相邻的点 $Q(x+\Delta x,y+\Delta y)$ 变形后将移动到点 $[x+\Delta x+u(x+\Delta x,y+\Delta y),y+\Delta y+v(x+\Delta x,y+\Delta y)]$。将 $u(x+\Delta x,y+\Delta y)$ 和 $v(x+\Delta x,y+\Delta y)$ 展开可得：

$$u(x+\Delta x,y+\Delta y)=u(x,y)+\frac{\partial u(x,y)}{\partial x}\Delta x+\frac{\partial u(x,y)}{\partial y}\Delta y \tag{10-2}$$

$$v(x+\Delta x,y+\Delta y)=v(x,y)+\frac{\partial v(x,y)}{\partial x}\Delta x+\frac{\partial v(x,y)}{\partial y}\Delta y \tag{10-3}$$

令 $\varepsilon_x=\dfrac{\partial u(x,y)}{\partial x},\varepsilon_y=\dfrac{\partial v(x,y)}{\partial y},\gamma_y=\dfrac{\partial u(x,y)}{\partial y},\gamma_x=\dfrac{\partial v(x,y)}{\partial x}$

则点 Q 变形后的坐标为 $[x+u+(1+\varepsilon_x)\Delta x+\gamma_y\Delta y,y+v+\gamma_x\Delta x+(1+\varepsilon_y)\Delta y]$。

用参考图像和变形图像上离散像素点的特征值 $f_1(x_i,y_j)$ 和 $f_2(x_i+u,y_j+v)$ 代替相应的特征函数 $f_1(x,y)$ 和 $f_2(x+u,y+v)$。

由此可见，子区内任何点的位移都可以通过子区中心点的位移 u 和 v 及其位移导数来表示，因此子区中心点的位移及其导数完全可以描述子区的位移和变形。

针对变形前子区建立以 $D(x_i,y_j)$ 为原点的局部坐标系 kDl，针对变形后子区建立以 $D(x_i+u,y_j+v)$ 为原点的局部坐标系 $k'Dl'$，则变形后局部坐标系 $k'Dl'$ 对应于变形前子区点 (k,l) 的局部坐标应为

$$[k(1+\varepsilon_x)+l\gamma_y,\ l(1+\varepsilon_y)+k\gamma_x]$$

因此交叉相关系数可以定义为

$$C=\frac{\sum_{k=-n}^{n}\sum_{l=-n}^{n}f_1(x_i+k,y_j+l)\cdot f_2(x_i+u+k(1+\varepsilon_x)+l\gamma_y,y_j+v+l(1+\varepsilon_y)+k\gamma_x)}{\sqrt{\sum_{k=-n}^{n}\sum_{l=-n}^{n}f_1^2(x_i+k,y_j+l)}\sqrt{\sum_{k=-n}^{n}\sum_{l=-n}^{n}f_2^2(x_i+u+k(1+\varepsilon_x)+l\gamma_y,y_j+v+l(1+\varepsilon_y)+k\gamma_x)}} \tag{10-4}$$

为了简单起见，令：

$$I_1=f_1(x_i+k,y_j+l) \tag{10-5}$$

$$I_2=f_2(x_i+u+k(1+\varepsilon_x)+l\gamma_y,y_j+v+l(1+\varepsilon_y)+k\gamma_x) \tag{10-6}$$

用＜…＞表示系综平均，则式(10 - 4)可以表示为

$$C_1=\frac{\langle I_1\cdot I_2\rangle}{\sqrt{\langle I_1^2\rangle}\cdot\sqrt{\langle I_2^2\rangle}}$$

当相关系数 C 为 1 时，参考图像和变形图像上的两个子区完全相关；当相关系数 C 为 0 时，参考图像和变形图像上的两个子区完全不相关。通常当相关系数 C 为极大值时，对应的 (u, v) 极有可能为对应 $D(x_i, y_j)$ 点的位移近似值，而 $(\varepsilon_x, \varepsilon_y, \gamma_x+\gamma_y)$ 极有可能为对应 $D(x_i, y_j)$ 点的应变近似值。在整个选定区域内进行搜索计算，就可以得到选定区域的位移场和应变场的近似值。

可以看出，利用上述方法求位移场时需要同时调整 ε_x、ε_y、γ_x 和 γ_y 等局部应变的取值，而这个局部应变的取值对 u 和 v 的预测值又有影响，因而需要迭代计算。实际计算发现，通过对有限的 ε_x、ε_y、γ_x 和 γ_y 等应变值收缩计算就可得到较精确的位移场，根据得到的位移场即可得到较精确的应变估值。

相关系数公式有很多种，式(10－4)只是其中的一种。常用的相关系数公式还有下面几种：

$$C_2=\frac{<I_1\cdot I_2>^2}{<I_1^2>\cdot<I_2^2>}$$

$$C_3=\frac{<(I_1-<I_1>)\cdot(I_2-<I_2>)>^2}{<(I_1-<I_1>)^2>\cdot<(I_2-<I_2>)^2>}$$

将相关系数 C_1 和相关系数 C_2 相比，相关系数 C_2 避免了开方计算，计算速度相对较快。相关系数 C_3 峰值点附近的相关系数分布的单峰性要好于 C_1 和 C_2，但计算工作量较大。

10.1.2 测试方法

通过高分辨率的数码相机采集图像，可以得到高质量试件变形图像。为了得到随机分布的表面特征图像，在试件表面上喷涂不同颜色的人工随机斑点，如图 10－1 所示。试件表面特征越明显，搜索子区可以取得越小，从而计算速度就越快。

1.整像素位移场的计算

我们知道，刚体位移不产生应变，试件变形过程中位移是连续的。根据这一特点如果可以估计出试件的最大位移范围，可以通过限制在变形图像上的搜索范围来达到提高计算速度的目的。具体做法就是限制式(10－4)中 u 和 v 的取值范围。例如，如果已知 x 方向的最大位移不超过 20 像素，y 方向的最大位移不超过 10 像素，则 u 和 v 的取值范围可以分别控制在±20 像素和±10 像素的范围内。另外，由于斑点相对像素点较大，在精度许可的情况下，k 和 l 的循环步长也可以取大于 1 的整数，这样也可以大大提高计算速度。

实际测试计算中，一般只关心某一个区、一条线或某一个点周围的位移或应变，因而程序设计时，只需要仅仅计算一个区、一条线或某一个点周围的位移场。

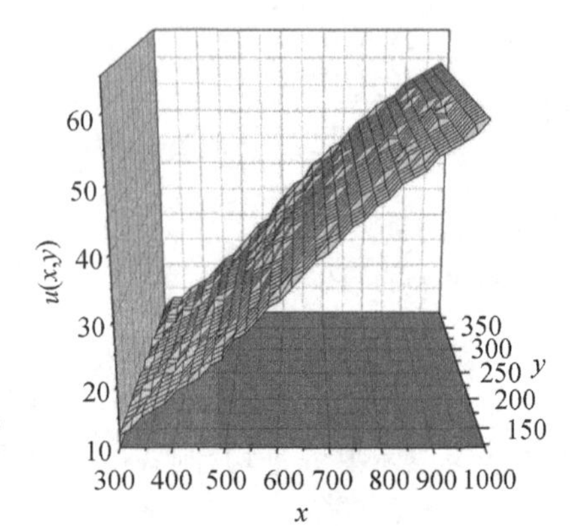

图 10－2　整数增量位移场

图 10－2 给出了图 10－1 所示拉伸试件拉伸方向 x 位移的整数增量位移场。由图可看出，由于只能给出整数像素位移，因此有一些台阶存在。尽管整体位移场具有较高的精度，但由于一般需要求出应变场，且由于台阶的存在求导时必将引入较大的误差，因而有必要对整数像素位移场进行修正，以期得到非整数像素位移场或

平滑位移场。

2. 非整数像素位移场的计算

一般情况下，如果求得的整像素位移为 a，那么其真正的位移应该位于 $a-0.5$ 和 $a+0.5$ 之间。由于位移场的连续性，求得的邻近的整像素位移为 $a+1$ 或 $a-1$。为了清楚起见，这里利用一维位移场来介绍所用的处理方法。假设在 $x=I, I+1, \cdots, I+n_a$ 的位置上求得的整像素位移均为 a，在 $x=I+n_a+1, I+n_a+2, \cdots, I+n_a+n_b$ 的位置上求得的整像素位移均为 $a+1$，在 $x=I-1, \cdots, I-n_c$ 的位置上求得的整像素位移均为 $a-1$，那么真正的整像素位移 a 极有可能在 $x=I+n_a/2$ 位置点获得，整像素位移 $a+1$ 在 $x=I+n_a+(n_b+1)/2$位置点获得，整像素位移 $a-1$ 在 $x=I-(n_c+1)/2$ 位置点获得。假设在相邻两个整像素位移之间可以近似为线性，利用这一结果就可以求得 $x=I-(n_c+1)/2$ 与$x=I+n_a/2$ 和 $x=I+n_a/2$ 与 $x=I+n_a+(n_b+1)/2$ 位置点间的非整数像素位移。根据这一指导思想，编制相应的计算程序即可求得对应的非整数像素位移场。利用编制的程序对图 10-2 所示的整数像素位移场进行计算即可得出相应的非整数像素位移场，如图 10-3 所示。由图10-3可以看出除在边缘部分略有误差外，求得的非整数像素位移场非常平滑。

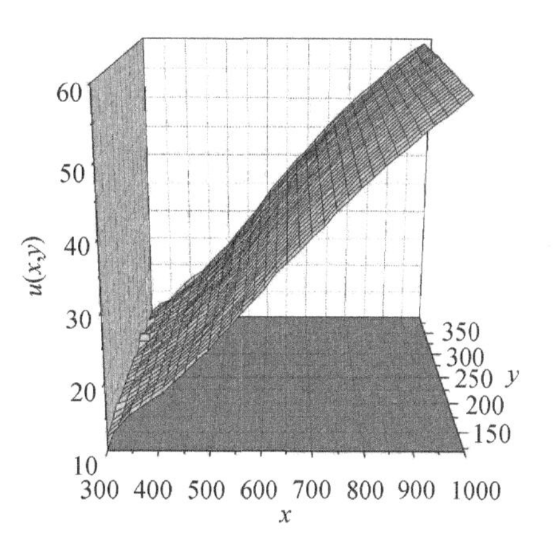

图 10-3　非整数增量位移场

3.应变场的计算

有了位移场即可通过对位移场的微分求导得到相应的应变场。然而我们前面根据数字图像相关法获得的位移场是一个离散的位移场，所以只能通过数值微分的方法求得相应的偏导数。对于试验结果，不可避免地会存在测量误差，而微分计算会使得测量误差急剧放大。为了尽可能地消除计算误差，最有效的方法是在待求点附近的局部区域内通过曲面或局部平面拟合的方法，对位移场进行拟合计算，求得最佳拟合曲面或平面，然后对拟合结果进行微分计算，求得相应的偏导数，进而求得该点的正应变和剪应变。对整个位移场进行计算，即可获得对应的应变场。如图 10-4 所示，要计算某一点(x_i, y_j)的应变，以该点为中心，选取一个矩形子区域 $ABCD$，对应的 x 和 y 的取值范围为 $x_j-k_s \leqslant x \leqslant x_j+k_s$ 和 $y_j-l_s \leqslant y \leqslant y_j+l_s$，$k_s$ 和 l_s 取整数，对应于子区域 $ABCD$ 的大小。在该子区域上利用最小二乘法，对对应的局部位移场进行平面拟合，可获得相应的拟合平面 $abcd$。其对应的偏导数 $\partial u/\partial x$、$\partial v/\partial y$、$\partial u/\partial y$、$\partial v/\partial x$ 可以用来代替点(x_i, y_j)的偏导数，进而可以求得该点的应变。对整个应变场进行计算，即可获得相应

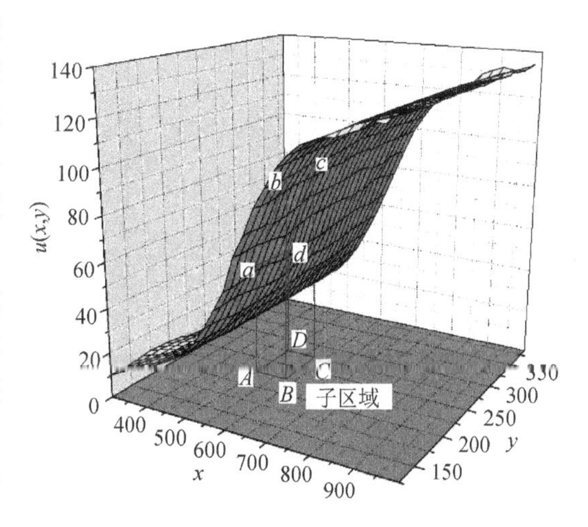

图 10-4　应变场的计算

的应变场。

相应的工程应变：

$$\varepsilon_{ex} = \partial u / \partial x \tag{10-7}$$

$$\varepsilon_{ey} = \partial v / \partial y \tag{10-8}$$

相应的正应变：

$$\varepsilon_{trx} = \ln(1 + \partial u / \partial x) \tag{10-9}$$

$$\varepsilon_{try} = \ln(1 + \partial v / \partial y) \tag{10-10}$$

剪应变：

$$\gamma_{xy} = \partial u / \partial y + \partial v / \partial x \tag{10-11}$$

利用这一思想进行编程，即可获得相应的应变场计算程序。试验过程中不同时刻对应的应变场可以利用应变场计算程序计算获得。一般情况下，对应于变化剧烈的位移场计算应变时，需要采用较小的子区域进行计算；而对于变化较平缓的位移场可以采用较大的子区域进行计算。

图 10-5 给出了图 10-1 拉伸试件对应的应变场。其中 z 轴代表相应的正应变或剪应变，x 轴和 y 轴的定义如图 10-1(a)所示，(x, y)对应于变形前图像上对应的像素点位置。

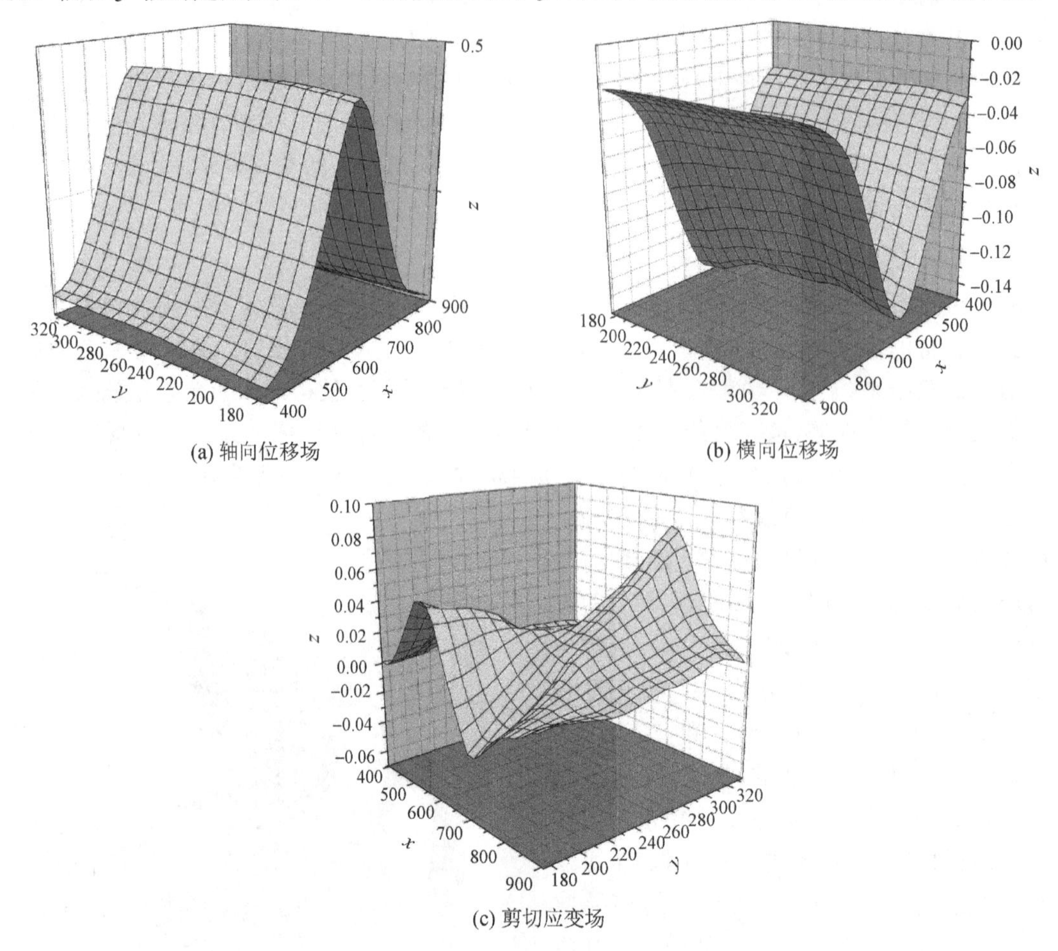

(a) 轴向位移场

(b) 横向位移场

(c) 剪切应变场

图 10-5　应变场

（图中 z 轴代表相应的正应变或剪应变，x 轴和 y 轴对应于变形前图像上对应的像素点位置）

10.2 定像距双目三维形貌测量

人类用两只眼睛同时观看物体，而左右两眼得到的物像，有一些差别，称为视差。大脑接收到两幅分别来自两只眼睛获得的不同影像，然后将两幅影像合二为一，得到对物体的立体及空间感知。仿生双目计算机视觉就是由视差原理发展而来的，利用两台摄像机同时拍摄物体，根据景物点在左右摄像机图像上的位置关系计算出景物点的三维坐标，从而可以实现三维测量和形貌还原。双目视觉测量仪器广泛应用于无人机飞行控制、机器人引导、汽车自动驾驶、工业生产现场及航空航天等诸多领域。

双目视觉测量仪器大多存在结构复杂、操作不便、处理耗时较长等缺点。下面介绍一种基于图像相关分析法应用的双目三维测量装置。

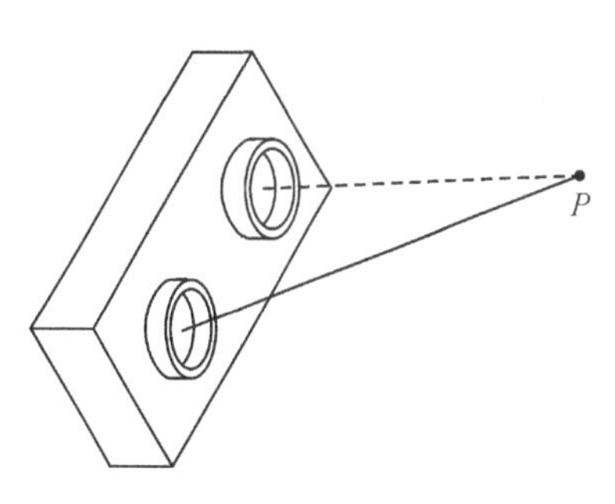

图10-6 定像距双目三维测量装置简图

图10-6给出了定像距双目三维测量装置简图，其中包括两组镜头及其对应的图像传感器。将两图像传感器放置在同一平面内，左右布置，且将两片图像传感器对齐。两组镜头的光轴平行，且两组镜头的像距一致，在拍摄时两组镜头的像距保持固定不变。

图10-7给出了对应的原理图。如图10-7(a)所示，设待测物体上P点在两片图像传感器上的位置分别为P_1和P_2，o_1及o_2为两组镜头的光心，O_1及O_2分别为两片图像传感器的中心位置，则O_1o_1及O_2o_2分别为两组镜头的光轴，以左边镜头光心o_1为原点建立三维坐标系，坐标系xo_1y平面与图像传感器平行，其中，x轴与图像传感器长度方向平行，y轴与图像传感器宽度方向平行。如图10-7(b)所示，设两片图像传感器的中心距离为w，像距为u，$P(x,y,z)$为物体上任意点P的空间坐标，$P_1(x_1,y_1,-u)$为P点在图像传感器1上的图片1的点P_1的坐标，$P_2(x_2,y_2,-u)$为P点在图像传感器2上的图片2的点P_2的坐标，P'、P_1'、P_2'分别为P点、P_1点及P_2点在xo_1z平面上的投影，PP'、P_1P_1'及P_2P_2'垂直于xo_1z平面。

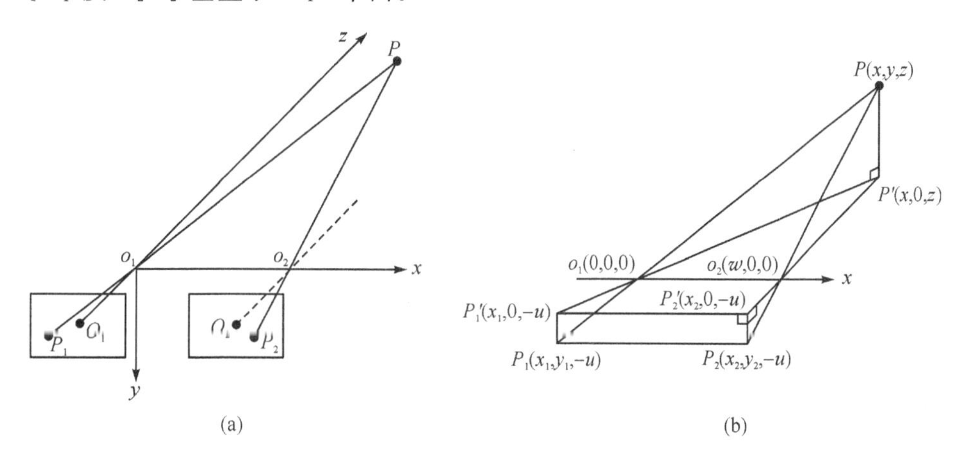

图10-7 定像距双目三维测量装置的原理图

三角形 $P'o_1o_2$ 与三角形 $P'P_1'P_2'$ 相似，则有

$$\frac{o_1o_2}{P_1'P_2'}=\frac{P'o_1}{P'P_1'}=\frac{z}{z+u}$$

$$\frac{w}{x_2-x_1}=\frac{z}{z+u}$$

得到 P 点的 z 轴坐标

$$z=\frac{wu}{x_2-x_1-w}$$

线段 o_1P' 与线段 o_1P_1' 在同一条直线上，且相对于 x 轴的斜率相等，则有

$$\frac{z}{x}=\frac{-u}{x_1}$$

得到 P 点的 x 轴坐标为

$$x=-\frac{z}{u}x_1$$

三角形 Po_1P' 与三角形 $P_1o_1P_1'$ 相似，则有

$$\frac{PP'}{P_1'P_1}=\frac{o_1P'}{P_1'o_1}=\frac{z}{u}$$

$$\frac{-y}{y_1}=\frac{z}{u}$$

得 P 点的 y 轴坐标为

$$y=-\frac{z}{u}y_1$$

得 P 点的坐标 $P(x,y,z)$ 为

$$\begin{cases} x=-\dfrac{z}{u}x_1 \\ y=-\dfrac{z}{u}y_1 \\ z=\dfrac{wu}{x_2-x_1-w} \end{cases} \tag{10-12}$$

根据设计 w、u 为已知参数，只要获得 P_1 和 P_2 点的坐标即可获得物体上 P 点的三维坐标。实际物体上的点 P 可以在图像传感器获得的图片上选取，比如在图片 1 上选取，一旦选定，P_1 的坐标即可获得。由于图像传感器 2 是和图像传感器 1 同时获得物体的像，两个图像高度相似，没有变形，只有相对位置的变化。因而一般不需要在物体上喷散斑点，利用图像相关分析法对物体本身的图像进行分析，可以很容易获得点 P_1 在图片 2 上的对应点 P_2 的坐标。进而可以获得物体上 P 点的空间坐标。利用编制的 APP，该方法可以很方便地应用到手机测距。如果想获得物体的三维形貌，可以通过扫描图片 1 上的各点，获得物体表面的三维形貌。

10.3 基于单张图片的三维形貌测量方法

10.3.1 点光源成像原理

物体上一点光源通过镜头的透镜落在相机传感器上，形成了该点的像。如图 10－8 所示，物平面上的点对镜头系统来说只有一个完全聚焦的成像平面 A。当成像平面发生偏移时，点光源在成像平面上形成的像是一个弥散圆。偏离的距离越远，形成的弥散圆直径越大。弥散圆直径和偏离距离之间存在着一一对应的关系。所以物体的离焦距离可以根据评估弥散圆的直径得到。

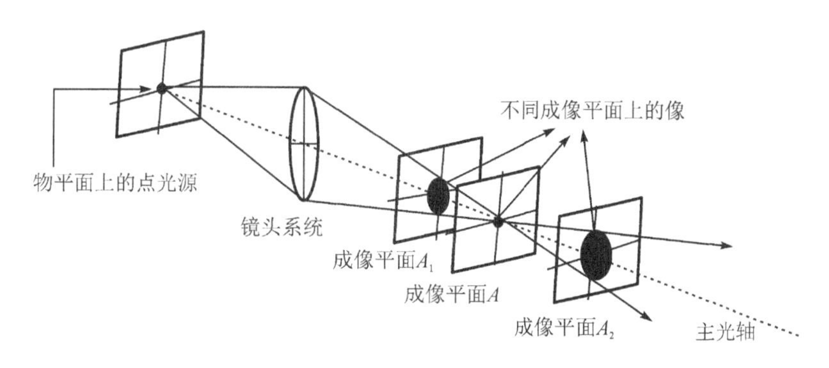

图 10－8　点光源在不同像平面的像

10.3.2 弥散圆直径与相机参数的关系

弥散圆直径与相机参数的关系可以通过相机光路图得到。一旦相机参数给定，就能确定一个聚焦清晰的物平面，使位于该平面上的点光源发出的光线都汇聚在相机传感器上，得到清晰的像。我们把该物平面定义为聚焦物平面（FP）。当物体位于聚焦物平面之前，此时像平面（IP）位于相机传感器平面（SP）之后，称为过焦状态（overfocus）；当物体位于聚焦物平面之后，此时 IP 位于相机传感器之前，称为欠焦状态（underfocus）。图 10－9 是过焦情况下的物体成像光路图。图中，f 为相机的焦距，D 为相机透镜的直径，u 是聚焦清晰时的物距，v 是聚焦清晰时的像距，也就是相机镜头中心到传感器（SP）的距离。如图 10－9 所示，当物体位于 B 点时，它在相机传感器上形成了清晰的像。而当物体位于 A 点时，物体向前偏离聚焦物平面距离为 d，它的像平面也随之向前偏离 SP，偏离距离为 d'。物体上一点 X 在相机传感器上形成了一个直径为 D_b 的模糊圆。通过光路图，我们能够推得弥散圆直径关于相机参数的理论公式。凸透镜的透镜方程为

$$\frac{1}{u}+\frac{1}{v}=\frac{1}{f} \tag{10-13}$$

当物体位于位置 A，即偏离 FP 距离为 d 时，式（10－13）可以写成：

$$\frac{1}{u+d}+\frac{1}{v-d'}=\frac{1}{f} \tag{10-14}$$

由三角形相似得：

$$\frac{\overline{ab}}{D}=\frac{d'}{v-d'} \tag{10-15}$$

根据式(10-13)、(10-14)和(10-15)，可求得弥散圆直径为

$$\begin{aligned}D_b&=\overline{ab}=D(\frac{v}{v-d'}-1)\\&=Dv(\frac{1}{f}-\frac{1}{u+d}-\frac{1}{v})\\&=Dv\frac{u+d-f}{f(u+d)}-D\end{aligned} \tag{10-16}$$

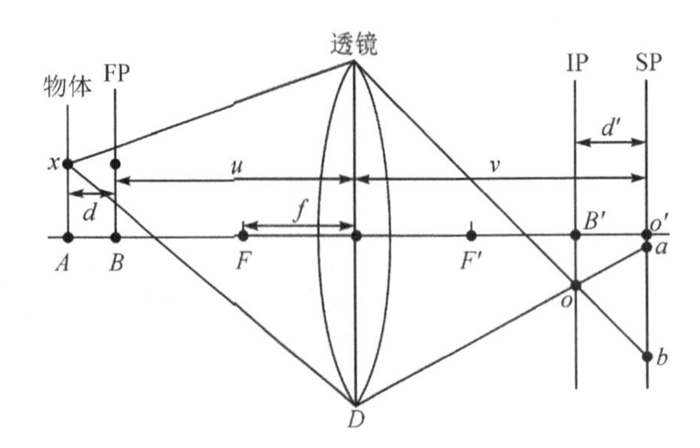

图 10-9　过焦情况下的相机光路图

同理，欠焦情况下的弥散圆直径为

$$D_b=Dv\frac{u-d-f}{f(u-d)}-D \tag{10-17}$$

一旦相机参数确定，u、v、f 和 D 都为常数，所以弥散圆直径 D_b 只和离焦距离 d 有关。离焦距离越大，弥散圆的直径越大。只要能够测得图片上某一点的弥散圆直径，那么通过式(10-16)和式(10-17)，就能测得该点的离焦距离。通过测量整张图片上所有点的弥散圆直径就可以得到被测物体在深度方向上的形貌信息。

10.3.3　条纹特征模糊区域内的理论光强分布

图 10-10 给出了一个条纹特征的离焦模糊图片。沿着垂直于条纹的方向，理想的条纹可以看作是一个一维的刃边函数，其数学表达式为

$$I_0(x;W,B,x_e)=(W-B)u(x-x_e)+B \tag{10-18}$$

式中：I_0为清晰图片的光强，W 和 B 分别为清晰图片上两种不同颜色条纹的光强，即条纹边界两侧的最大光强和最小光强，x_e为条纹边界所在的位置；$u(\cdot)$为一维理想阶跃方程。为了简单起见，我们把 x_e设为 0，则式(10-18)可以简化成：

$$I_0(x)=(W-B)u(x)+B \tag{10-19}$$

根据几何光学，物体上一点在传感器平面上形成的弥散圆的内部光强成均匀分布。点扩散函数可以写成如下形式：

图 10 - 10　离焦模糊图片

$$h(x,y)=\begin{cases}\dfrac{1}{\pi R^2},\sqrt{x^2+y^2}\leqslant R\\0,\text{其它}\end{cases}\tag{10-20}$$

式中：$R=D_b/2$，为弥散圆的半径。

模糊图片的光强等于清晰图片光强和点扩散函数的卷积：

$$\begin{aligned}I&=I_0h(x,y)\\&=B+(W-B)\int_{-\infty}^{+\infty}\int_{-\infty}^{+\infty}u(x-t)h(t,s)\mathrm{d}t\,\mathrm{d}s\\&=\begin{cases}W,x>R\\B+\dfrac{(W-B)}{\pi R^2}\displaystyle\int_{-R}^{x}2\sqrt{R^2-t^2}\,\mathrm{d}t,-R\leqslant x\leqslant R\\B,x<-R\end{cases}\\&=\begin{cases}W,x>R\\B+\dfrac{(W-B)}{\pi}(\arccos(\dfrac{-x}{R})+\dfrac{x}{R}\sqrt{1-\dfrac{x^2}{R^2}}),-R\leqslant x\leqslant R\\B,x<-R\end{cases}\end{aligned}\tag{10-21}$$

根据式(10 - 21)，可以得到模糊区域内的理论光强分布，如图 10 - 11 所示。从图中可以看出，模糊区域内光强分布是一个渐变的过程，且以点 $(0,(W-B)/2)$ 为对称中心对称。模糊区域的范围从 $-R$ 到 R。所以对于条纹特征，模糊图片在条纹边界上形成的模糊带的宽度等于点扩散函数的直径 D_b。

由清晰条纹图片的光强公式(10 - 19)可知，边界所在的位置 $x=0$。把 $x=0$ 代入式(10 - 21)，可得此时的光强为 $(W-B)/2$。

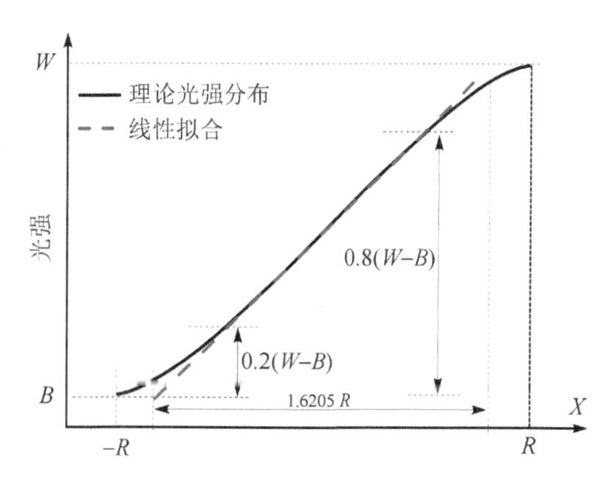

图 10 - 11　模糊区域的理论光强分布

10.3.4　真实条纹边界过渡区域对光强分布的影响

实际物体中，很难存在如此尖锐的边界。在真实的条纹边界处，颜色的变化往往有一个小的过渡区域，所以条纹边界处的颜色分布和理想阶跃函数有一定的差别。这个差别会影响模糊区域内的光强分布，进而影响测量结果。

过渡区域内的变化形式是多种多样且无法预知的，但是当真实条纹过渡区域内的渐变过程遵循线性变化时，过渡区域对结果影响最大。下面将考察条纹边界处存在线性过渡区域对模糊图片的光强分布造成的影响。

图 10－12 为清晰图片在条纹边界处的光强分布。图中虚线为模拟的真实条纹边界，边界的过渡区域的宽度为 6 像素，过渡区域的变化形式为线性变化。它的形式在真实条纹边界中是具有代表性的，具体的表达公式如下：

$$I_0(x)=\begin{cases}0, & x-20\leqslant -3\\ 1-(23-x)/6, & -3<x-20<3\\ 1, & x-20\geqslant 3\end{cases} \tag{10-22}$$

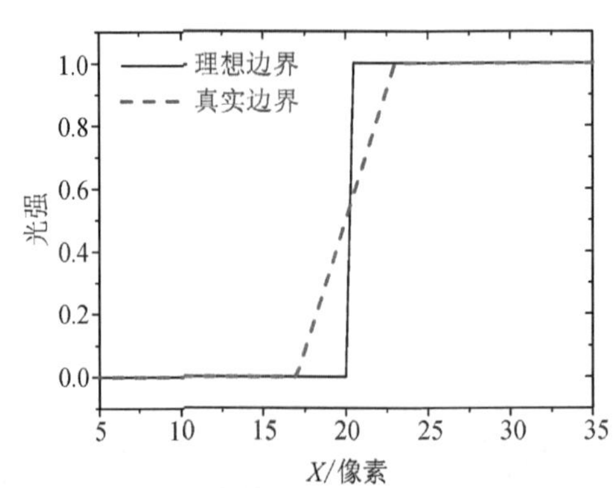

图 10－12　清晰图片在条纹处的光强分布

图中，另一条黑线为理想边界的光强，符合阶跃函数。作为对比，它的条纹边界的位置与模拟的真实条纹边界的位置相同，具体的表达公式如下：

$$I_0(x)=\begin{cases}0, & x-20<0\\ 1, & x-20\geqslant 0\end{cases} \tag{10-23}$$

把图片清晰时的光强卷积上点扩散函数，就可以得到真实条纹边界和理想条纹边界的模糊图片的理论光强分布。因为卷积公式比较复杂，所以对于真实条纹边界，本书采用了数值化的方法求它的模糊图片的光强值。设弥散圆半径 $R=10$ 像素，两者的模糊区域内的光强分布结果如图 10－13 所示。

图 10－13 中，实线为理想条纹的模糊图片在模糊区域内的光强分布；虚线为真实条纹边界的模糊图片在模糊区域内的光强分布。从图中可以看出，真实条纹的模糊区域的范围大于理想条纹的模糊范围，而且随着真实条纹边界过渡区域范围的变化，相应的模糊图片的模糊范围也随之变化。这是一个复杂的关系，且如何得到物体边界处真实的过渡范围也是一个难题，

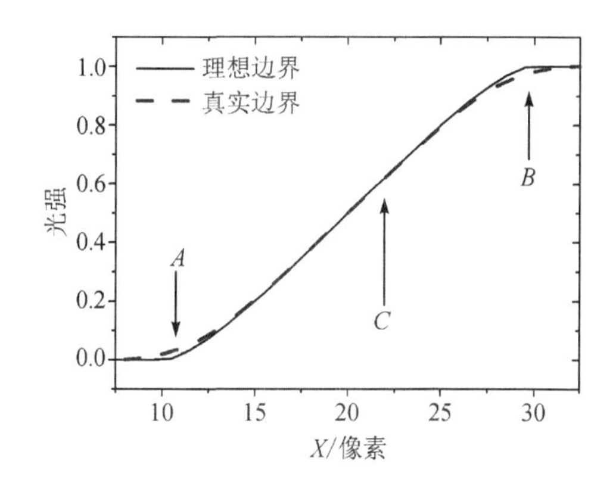

图 10-13　真实条纹边界的过渡区域对模糊图片光强分布的影响

所以直接从真实条纹的理论公式求弥散圆的半径是不可行的。

从图 10-13 中还可以看出，过渡区域对光强分布的影响在模糊区域的两端（图中的 A 区和 B 区）较为明显。在模糊区域的中间段 C 区，过渡区域对光强分布的影响很小，可以近似认为没有影响。所以，利用模糊区域的中间段的光强分布来计算图片的弥散圆，能有效地消除过渡区域的影响，为测量准确的离焦距离创造了有利条件。

根据图 10-11 中的实线所示的模糊宽度内的相对光强的理论分布，可知该分布的模糊宽度的理论值为 $2R$。从图中可以看出，光强分布的中间部分可以近似看成一个线性段。线性拟合能够有效地消除噪声对测量结果的影响。对光强分布的中间近似线性的部分进行拟合，然后根据拟合直线的性质来定义模糊宽度。这样的处理不仅不需要测定模糊宽度起止的位置，同时根据前面的分析结果，真实条纹图片和理想条纹图片在模糊区域内光强分布的差别主要体现在模糊区域的两端，在中间部位两者的光强分布几乎没有差别。所以，这样的模糊宽度定义方法在对真实图片进行测量时能够得到更准确的结果。

这里定义相对光强从 $0.2(W-B)$ 至 $0.8(W-B)$ 的区域为线性段，对该线性段内的光强进行线性拟合，拟合直线如图 10-11 中虚线所示。拟合直线的斜率设为 K，则图 10-11 中区域 L 的宽度为 $(W-B)/K=1.6205R$。区域 L 的宽度和模糊宽度的比值为 $1.6205R/2R=0.81025$，该比值是恒定不变的，不随光强幅值的改变而改变，也不随模糊度变化。所以模糊带宽度可以定义为

$$D_b=\left(\frac{W-B}{K}\right)/0.81025 \tag{10-24}$$

式(10-24)中，参数 W 和 B 分别是条纹边界两侧条纹的原始相对光强。理论上，W 和 B 应该从聚焦清晰的照片上读取。但一般情况下，当条纹尺寸大于弥散圆直径，且颜色均匀时，可以读取离焦图片上模糊宽度两侧的平台区的最大或最小光强，分别作为 W 和 B 的值。值得指出的是，如果改变参考曝光时间的值，相对光强的值将会按比例进行缩放。根据式(10-24)，光强幅值的改变并不会改变模糊宽度的计算结果，所以定义不同的参考曝光时间并不会影响最终的测量结果。同时，这样的定义方法也能有效地消除不均匀的环境光照对测量结果的影响。

从理论上讲，离焦距离 d 和弥散圆直径 D_b 之间的关系满足式(10-16)和式(10-17)，那

么只要知道公式中的相机参数，就能根据上节介绍的方法从图片中测得物体的深度信息。但是式(10－16)和式(10－17)是根据单片薄透镜的光路图推导得到的，而一般实验中采用的是数码相机，它的镜头由一系列镜片组组合而成，结构比较复杂，我们很难直接得到非常准确的镜头光圈直径 D 的值。所以测量前需要对测量系统进行一次标定，然后对标定实验的结果进行拟合得到具体的 D 值。

10.3.5 面内坐标

在前面的工作中，我们通过测量模糊宽度得到了物体在深度方向上的信息，下面研究物体面内坐标的测量方法。

图 10－14 中，FP 为物体聚焦清晰时的物平面，SP 为传感器所在的平面，同时也是聚焦清晰时的像平面。u 和 v 分别为此时的物距和像距，f 为焦距。世界坐标系 $Oxyz$ 落在 FP 上。坐标原点 O 位于光轴和 FP 的交点上，x 和 y 为 FP 内的坐标轴，轴 z 垂直于 FP。物体上任意一点都可以用坐标(x,y,z)表示，单位为 mm。显然，z 坐标就是离焦距离 d。像坐标系 $O'x'y'$位于 SP 内，可以用来表示照片上物体的位置，单位为像素(pixel)。像坐标系的原点 $O'(0,0)$为世界坐标系原点 $O(0,0,0)$的像。

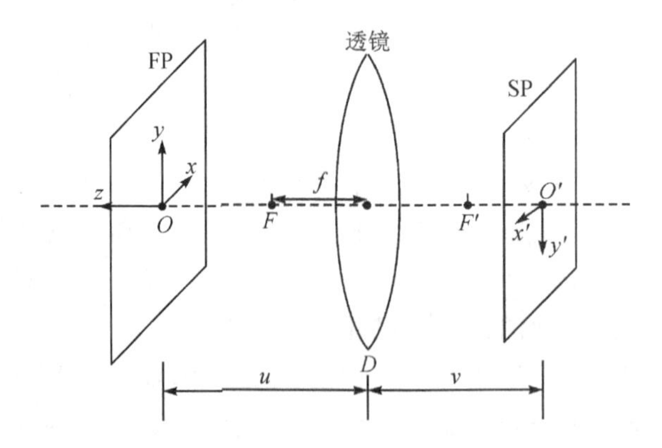

图 10－14　聚焦清晰时物平面和像平面上的坐标系

根据相机成像的光路可知，相机的放大倍数为

$$M'=\frac{v}{u} \tag{10-25}$$

从照片中读取的面内坐标是像坐标，单位是像素，物体上的坐标是世界坐标，单位是 mm。为了把像坐标和世界坐标联系起来，需要知道它们之间的转换关系。根据相机的分辨率和传感器尺寸可以获得传感器上单位长度对应的像素点数 p，则相机的放大倍数可以改写为

$$M=p\frac{v}{u} \tag{10-26}$$

通过相机成像光路可知，FP 上一点$(x,y,0)$在 SP 上的像坐标为$\left(x'=p\dfrac{v}{u}x,y'=p\dfrac{v}{u}y\right)$。物体上一点$(x,y,z)$偏离 FP 的距离为 z，所以该点在 SP 上形成一个半径为 R 的模糊圆，模糊圆的中心的像坐标为$\left(x'=\dfrac{pv}{u+z}x,y'=\dfrac{pv}{u+z}y\right)$。当物体处于过焦状态时，$z=d$；当处于欠焦状态

时，$z=-d$，d 为离焦距离，可以通过前面所述方法测得。

因此，如果知道照片上一点的像坐标(x',y')，同时还知道该点的离焦距离 z，则该点的世界坐标为

$$\begin{cases} x=\dfrac{u+z}{pv}x' \\ y=\dfrac{u+z}{pv}y' \\ z=z \end{cases} \tag{10-27}$$

对于条纹特征，当物体偏离聚焦平面时，在传感器平面上所成的像为一条模糊带。根据相机成像光路图，模糊带的中间位置即为条纹边界所成像的位置，所以需要先求模糊带中间位置的像坐标(x',y')，才能利用式(10－27)求条纹边界的世界坐标(x,y,z)。

10.3.6　真实物体的测量结果

试验采用的相机为尼康 D800 相机，相机镜头为 60 mm 定焦镜头，相机参数为：$F=4.5$，ISO＝100，曝光时间为 0.25 s，聚焦清晰时的物距 $u=326.49$ mm，$v=73.51$ mm。

图 10－15 是一张长方体的欠焦照片。拍摄照片时，长方体位于相机之前，且两者都垂直于地面放置。长方体的表面有水平方向的黑白相间的条纹，两个面的夹角为 90°。被测物体的世界坐标系和前面所描述的类似，传感器上的像素坐标系如图 10－15 中所示。

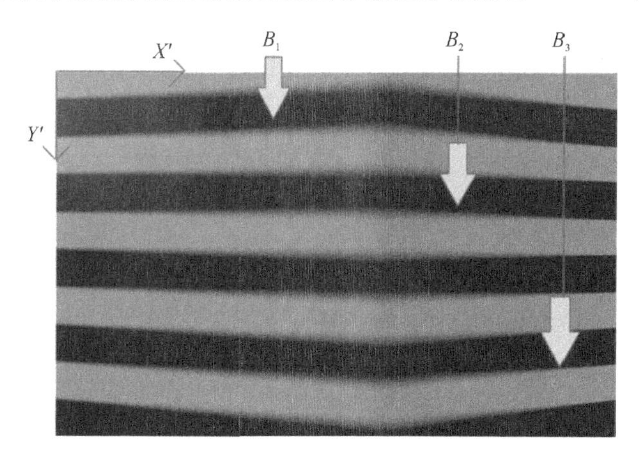

图 10－15　长方体测量(欠焦状态)

为了验证本节所提方法的稳定性，我们取图 10－15 中的三条边界 B_1、B_2和 B_3进行测量。因为长方体和相机都垂直于地面放置，所以长方体上沿 y 方向的离焦距离是相同的，离焦距离只会沿着 x 方向发生变化。在照片中从左到右，每隔 50 个像素测量一次离焦距离，测量结果如图 10－16 所示。图中，带方块、圆点和上三角形的线分别为 B_1、B_2和 B_3的测量结果，实线为长方体真实的形状。从图中可以看出，长方体的测量结果和实际形状吻合得很好。

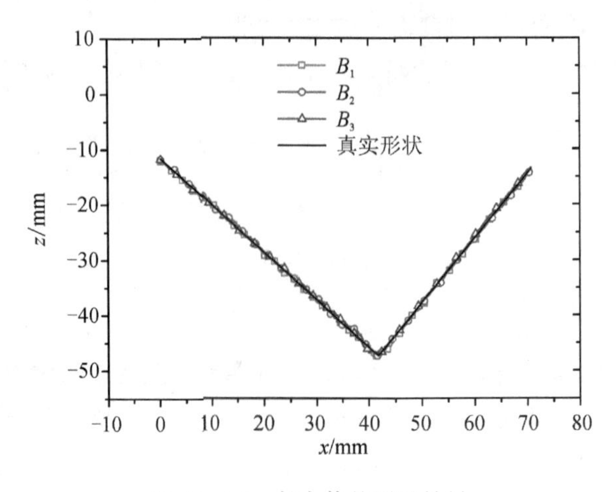

图 10-16　长方体的测量结果

实验 10.1　图像相关分析法

实验目的

初步掌握图像相关分析方法。

实验要求

(1)制作人工散斑图。

(2)编制相关分析程序。

(3)用计算机模拟试件变形并计算分析变形场。

第11章　光纤传感器

光导纤维最早用于传光及传像。在20世纪70年代初生产出低损光纤后，光纤在通信技术中用于长距离传输信息。但光导纤维不仅可以作为光波的传输，而且光波在光纤中传播时，表征光波的特征参量（振幅、相位、偏振态、波长等）因外界因素（如温度、压力、磁场、电场、位移、转动等）的作用而间接或直接地发生变化，从而可将光纤用做敏感元件来探测各种物理量，这就是光纤传感器的基本原理。

光纤传感器可以分为传感型与传光型两大类。利用外界物理因素改变光纤中光的强度（振幅）、相位、偏振态或波长（频率），从而对外界因素进行测量和数据传输的，称为传感型（或功能型）光纤传感器。它具有传、感合一的特点，信息的获取和传输都在光纤之中。本章仅简单介绍这类光纤传感器。

11.1　光纤的基本知识

光纤是光导纤维的简称。它是工作在光波波段的一种介质波导，通常是圆柱形。它把以光的形式出现的电磁波能量，利用全反射的原理约束在其界面内，并引导光波沿着光纤轴线的方向前进。光纤的传输特性由其结构和材料决定。

图11-1是单根光纤结构图。纤芯和包层为光纤结构的主体，对光波的传播起着决定性作用。涂敷层与护套则主要用于隔离杂光，提高强度，保护光纤。在特殊应用场合不加涂敷层与护套，为裸体光纤，简称裸纤。

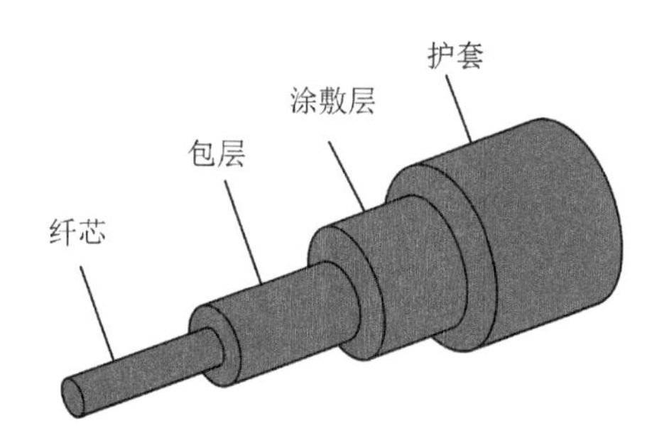

图11-1　光纤的基本结构

纤芯直径一般为5～75 μm，材料主体为二氧化硅，其中掺杂极微量其它材料，如二氧化锗、五氧化二磷等，以提高纤芯的光学折射率。包层为紧贴纤芯的材料层，其光学折射率稍小于纤芯材料的折射率。根据需要，包层可以是一层，也可以是折射率稍有差异的二层或多层。包层总直径一般约100～200 μm。

光纤的结构特征一般用其光学折射率沿光纤径向的分布函数$n(r)$来描述（r为光纤径向

间距)。对于单包层光纤,根据纤芯折射率的径向分布情况可分为阶跃光纤(图 11-2(a))和梯度光纤(或渐变折射率光纤)(图 11-2(b))两类。

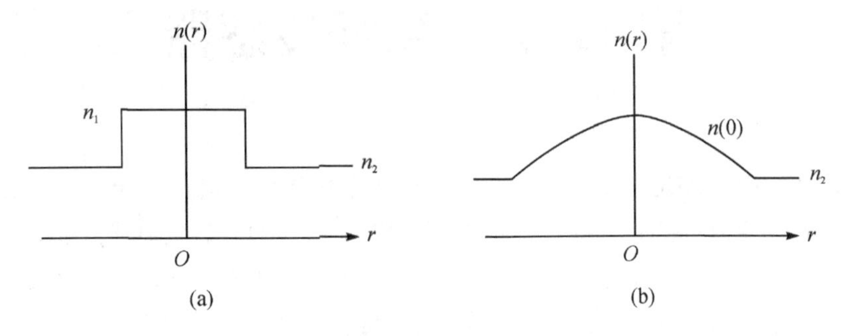

图 11-2　常见的光纤折射率分布函数

按传输的模式数量可分为单模光纤和多模光纤。只能传输一种模式的光纤称为单模光纤,能同时传输多种模式的光纤称为多模光纤。单模光纤和多模光纤的主要差别是纤芯的尺寸和纤芯-包层的折射率差值。多膜光纤的纤芯直径大(50～500 μm),纤芯-包层折射率差大($\Delta=\frac{n_1-n_2}{n_1}$,取 0.01～0.02);单模光纤纤芯直径小(2～12 μm),纤芯-包层折射率差小($\Delta=\frac{n_1-n_2}{n_1}$,取 0.0005～0.001)。

通过光纤中心轴的任何平面都称为子午面。位于子午面内的光线,称为子午光线。显然,子午面有无数个。根据光的反射定律,入射光线、反射光线和分界面的法线均在同一平面,光线在光纤的纤芯-包层分界面反射时,其分界面法线就是纤芯的半径。因此,子午光线的入射光线、反射光线和分界面的法线三者均在子午面内,如图 11-3 所示。这是子午光线传播的特点。

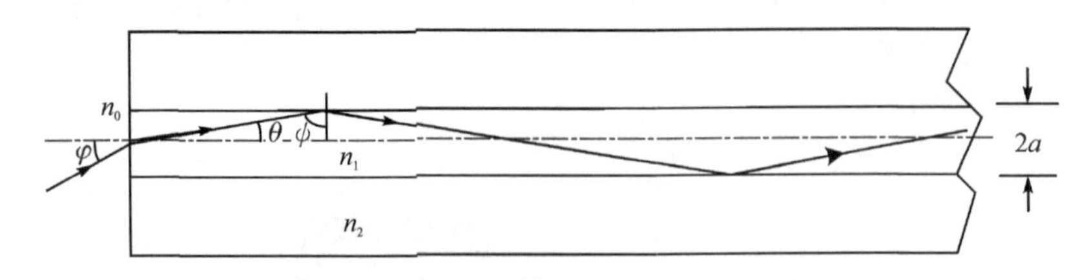

图 11-3　子午光线在光纤中的传播

由图 11-3 可求出子午光线在光纤内全反射应满足的条件。图中 n_1、n_2 分别为纤芯和包层的折射率,n_0 为光纤周围媒质的折射率。要使光能完全限制在光纤内传输 ,则应使光线在纤芯-包层分界面上的入射角 ψ 大于等于临界角 $\psi_0=\arcsin\frac{n_2}{n_1}$,即 $\theta\leqslant 90°-\psi_0$,由此可得 $n_0\sin\varphi<\sqrt{n_1^2-n_2^2}$。定义 $NA=n_0\sin\varphi_0=\sqrt{n_1^2-n_2^2}$ 为光纤的数值孔径,其反映了光纤收集光能力的大小,可以看出其大小和实际光纤纤芯的直径大小无关。

光在光纤中的传播还可以不在子午面内,所有不在子午面内的光线都是斜光线。它和光纤的轴线既不平行也不相交,其光路轨迹是空间螺旋折线。此折线可以是左旋,也可以是右旋，但它和光纤的中心轴是等距的。斜光线的数值孔径比子午光线的数值孔径要大。

11.2　光纤传感原理

光纤传感器按传感原理可分为功能型和非功能型。功能型光纤传感器是利用光纤本身的特性把光纤作为传感元件，所以也称为传感型光纤传感器或全光纤传感器。非功能型光纤传感器是利用其它传感元件感受被测量的变化，光纤仅作为传输介质，用来传输光信号，所以也称为传光型光纤传感器。

光纤传感器的工作原理是用被测量的变化调制传输光波的某一参数，使其随之变化，然后对已调制的光信号进行检测，从而得到被测量。

光纤传感器按被调制的光波参数不同可分为强度调制、相位调制、频率调制、偏振调制和波长调制等。光纤传感器按被测对象的不同又可分为温度传感器、位移传感器、应变传感器、浓度传感器、电流传感器和流速传感器等。

11.2.1　强度调制型光纤传感器

强度调制的机理：被测物理量作用于光纤（接触或非接触），使得光纤中传输的光信号的强度发生变化，检测出光信号强度的变化量即可实现对被测物理量的测量。其基本原理如图 11－4所示。

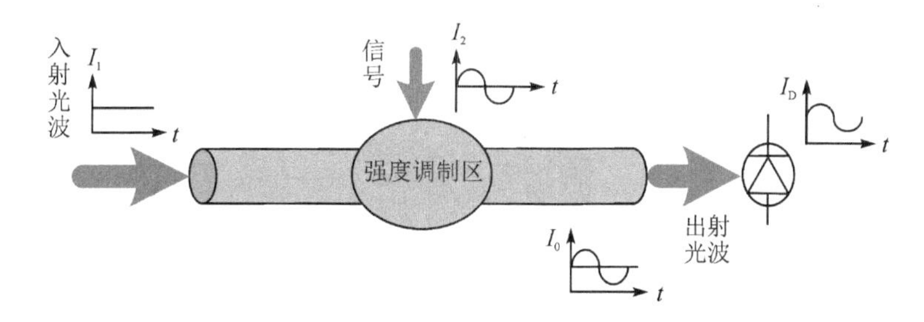

图 11－4　强度调制型光纤传感器的基本原理

1.反射式强度调制

最简单的反射式传感器的结构包括光源、传输光纤（输入与输出）、反射面以及光电探测器。由于光纤接收的光强信号与光纤参量、反射面特性以及二者之间的距离等密切相关，因而在其它条件不变的情况下，光纤参量包括光纤间距、芯径和数值孔径等都直接影响对光强的调制特性。

反射式调制的基本原理如图 11－5 所示，输入光纤将光源发出的光射向被测物体表面，然后，由输出光纤接收物体表面反射回来的光并传输到光电接收器；光电接收器所接收到的光强的大小随被测表面与光纤（对）之间距离的变化而变化。

通常，为提高被测物体表面的反射率，即光电探测器的接收光强，常常采用在物体表面镀膜等工艺。根据测得光强的变化，即可以获得物体的位移信息。

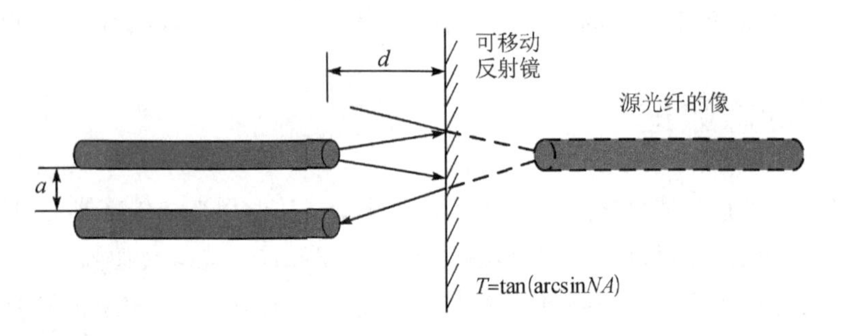

图 11－5　反射式传感器的基本结构

2.透射式强度调制

强度调制的方式还可以采用透射式调制。透射式调制是在输入与输出光纤的耦合端面之间插入遮光板，或者改变输入输出光纤(其中之一为可动光纤)之间的距离、相对位置，以实现对输入与输出光纤之间的耦合效率的调制，从而改变光电探测器所接收到的光强度。透射式调制型传感器的基本原理如图 11－6 和图 11－7 所示。此类型的传感器常常被用于测量位移、压力、温度和振动等物理量。

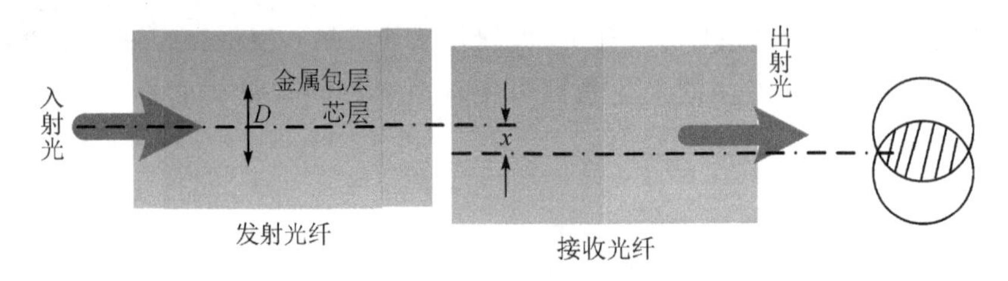

图 11－6　透射式强度光纤传感器

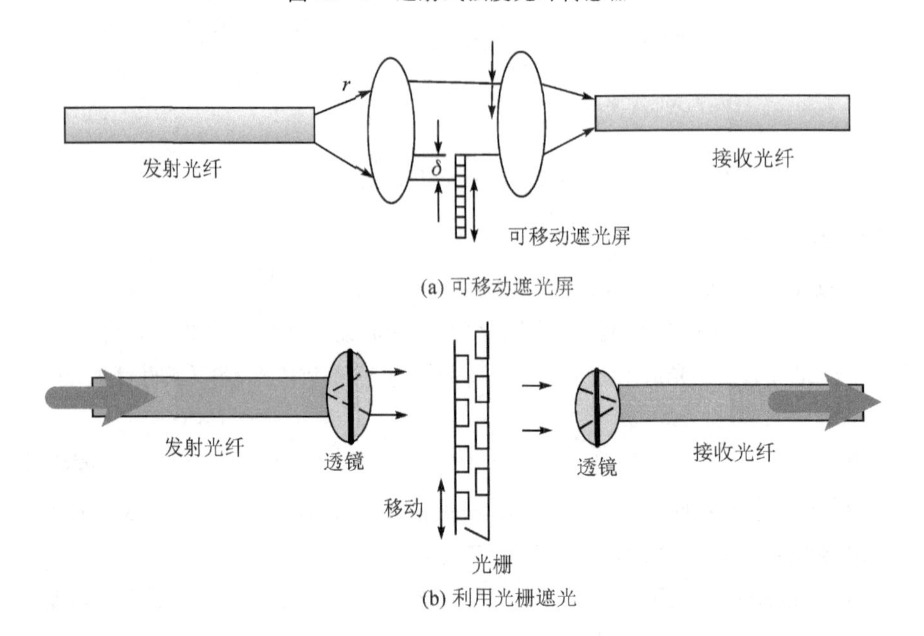

图 11－7　遮光式强度光纤传感器

根据光强的变化可以获得遮光板或动光纤的位移等信息。

3.光纤模式功率分布强度调制

当光纤在外力作用下发生微弯时，会引起光纤中不同模式的转化，即某些传导模变为辐射模或泄漏模，从而引起损耗，这就是微弯损耗。如果将微弯损耗与特制的微弯变形器及其位移、压力等物理量通过特定的关系式联系起来，就可以构成各种不同功能的传感器。

图 11－8 是光纤微弯传感器的工作原理示意图。其中微弯变形器由两块具有特定周期的波纹板和夹在其中的多模光纤构成。波纹板的周期 A 根据满足两个光纤模式之间的传播常数匹配原则来确定。

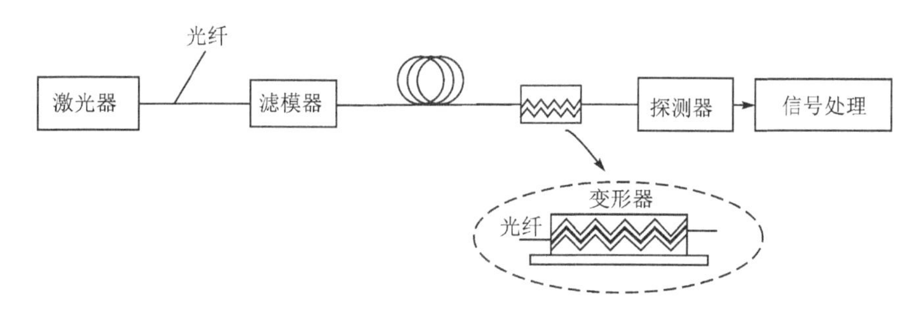

图 11－8　微弯传感器的工作原理

11.2.2　相位调制型光纤传感器

光纤相位调制传感器就是通过被测量改变光纤内传播的光波相位，然后采用干涉技术把相位变化转换为光强变化，通过检测光强变化而获得待测量。光纤中光波的相位由光纤波导的长度、光纤的折射率及其分布、光纤波导的横向尺寸所决定。一般来说，应力、应变和温度等外界待测量能直接改变上述三个波导参数，产生相位变化，实现光纤的相位调制。与其它调制方式相比，相位调制技术由于采用干涉技术而具有灵敏度高、动态范围大、响应速度快等优点。利用光纤作为干涉仪的光路，可以制造出不同形式、不同长度的光纤干涉仪。在光纤干涉仪中，以传感光纤作为相位调制元件置于被测场中，由于被测场与传感光纤的相互作用，导致光纤中光波相位的调制。

当光纤受到纵向(轴向)的机械应力作用时，光纤的长度、折射率和横向尺寸都将发生变化，这些变化将导致光波的相位变化。光波通过长度为 L 的光纤后，光波的相位变化为

$$\varphi=\beta L \tag{11-1}$$

式中：$\beta=\dfrac{2\pi}{\lambda}$为光波在光纤中的传播常数；$\lambda=\lambda_0/n$ 是光波在光纤中的传播波长，λ_0 是光波在真空中的传播波长。光波在外界因素的作用下，相位的变化可以写成如下形式

$$\Delta\varphi=\beta L\frac{\Delta L}{L}+L\frac{\partial\beta}{\partial n}\Delta n+L\frac{\partial\beta}{\partial r}\Delta r$$

式中：r 为纤芯半径。

上式中第一项表示由光纤长度变化引起的相位变化(应变效应)，第二项表示由折射率变化引起的相位变化(光弹效应)，第三项则表示由光纤半径改变所产生的相位变化(泊松效应)。

由于泊松效应引起的相位变化相对于前两项小很多，一般可忽略不计，故上式可近似为

$$\Delta\varphi=\beta L\ \frac{\Delta L}{L}+L\ \frac{\partial\beta}{\partial n}\Delta n \tag{11-2}$$

若已知外界被测量与光纤长度及折射率变化的关系，则可根据上式确定被测量与光波相位变化之间的关系。

光纤相位传感器需要通过相应的干涉仪来完成相位检测。对于相位调制干涉型光纤传感器，传感光纤和干涉仪缺一不可。传感光纤完成相位调制任务，干涉仪完成由相位到光强的转换任务。

图 11-9 给出了相位传感器的主要结构。

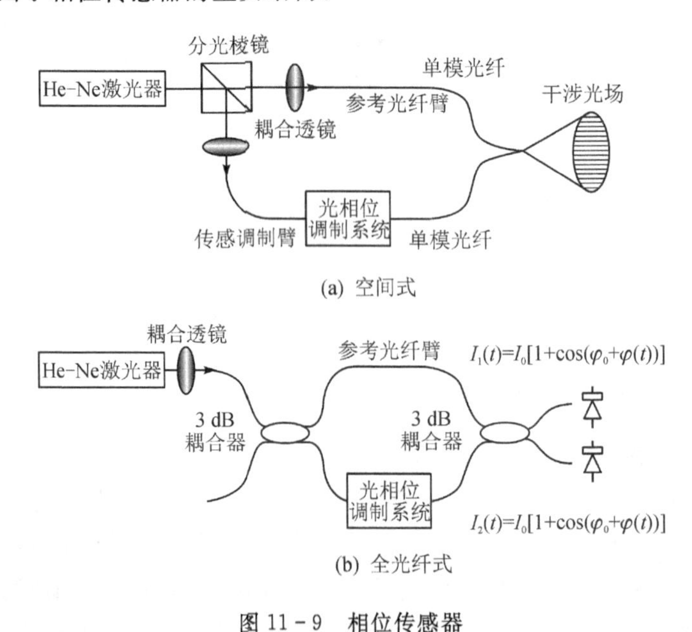

图 11-9 相位传感器

11.2.3 光纤频率调制传感器

频率调制技术利用运动物体反射光(或散射光)的多普勒频移效应来检测其运动速度。当然，频率调制还有一些其它方法，如某些材料的吸收和荧光现象随外界参量而发生频率变化，量子相互作用产生的布里渊和拉曼散射也是一种频率调制现象。这里仅讨论光纤多普勒传感器的频率调制原理。当光源和观察者之间具有相对运动时，观察者接收到的光频率与光源发射的频率不同，这种现象称为多普勒效应(Doppler effect)。

如图 11-10 所示，当光源 S 发出的频率为 f 的光照射在相对光源速度为 v 的运动物体 O 上时，运动物体 O 接收到的光波频率为

$$f_1=f-\frac{v}{\lambda}\cos\theta_1 \tag{11-3}$$

式中：θ_1 为入射光波方向与物体运动方向之间的夹角。

用相对光源 S 静止的光探测器 D 探测运动物体的散射(或反射)光波，则探测器 D 所接收到的光波频率为

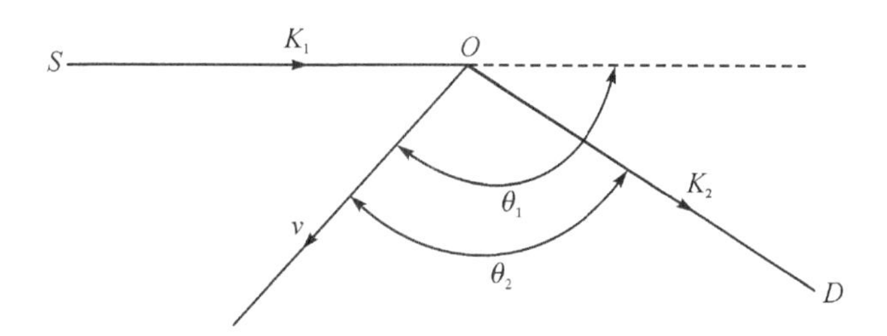

图 11-10　多普勒效应

$$f_2=f_1+\frac{v}{\lambda}\cos\theta_2=f+\frac{v}{\lambda}(\cos\theta_2-\cos\theta_1) \tag{11-4}$$

式中：θ_2 为接收光波方向（探测方向）与物体运动方向之间的夹角。因此，由于物体运动而导致的探测器接收到的光波频率相对于光源的光波频率的频率差为

$$\Delta f=f_2-f=\frac{v}{\lambda}(\cos\theta_2-\cos\theta_1)$$

如图 11-11 所示，该系统采用零差检测法。图中的激光器为 He-Ne 激光器，其发出的平面偏振光的偏振方向与偏振分光镜的偏振方向一致，偏振分光镜输出的偏振光被耦合到光纤中。图中光纤采用多模光纤，它既是发射光纤也是接收光纤。光纤 B 端面插入测量室中，收集运动粒子的散射光。B 端面的反射光作为参考光与 B 端收集的运动粒子的散射光在探测器上进行混频，由信号处理系统检测出多普勒频移，从而得到运动粒子的速度。在接收光路放置偏振片，是为了消除杂散光对干涉条纹的影响。

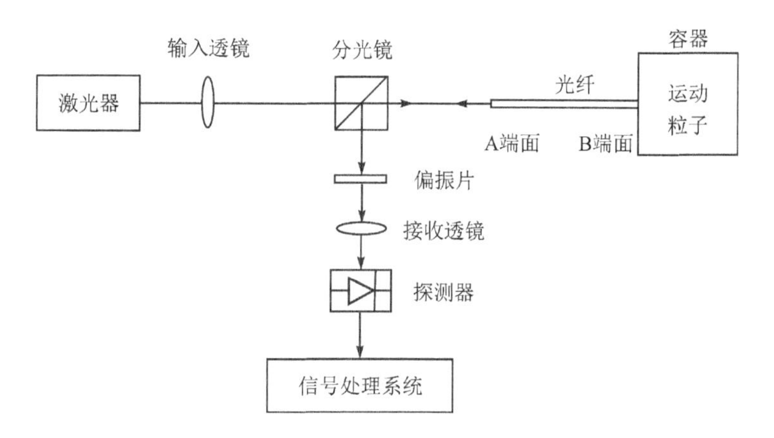

图 11-11　光纤多普勒测速原理

11.2.4　光纤波长调制传感器

光纤波长调制传感器主要是利用传感探头的光频谱特性随外界待测量的变化而变化的特性。在波长（颜色）调制光纤探头中，光纤只起到传光作用，它把入射光送往测量区，并将返回的调制光送往分析器。波长调制探头的基本部件如图 11-12 所示。

大多数波长调制系统中，光源采用白炽灯或高压汞灯。频谱分析器一般采用棱镜分光计、光栅分光计、干涉滤光器和颜色滤光器等方式。光纤波长调制技术主要应用于医学、化学等领

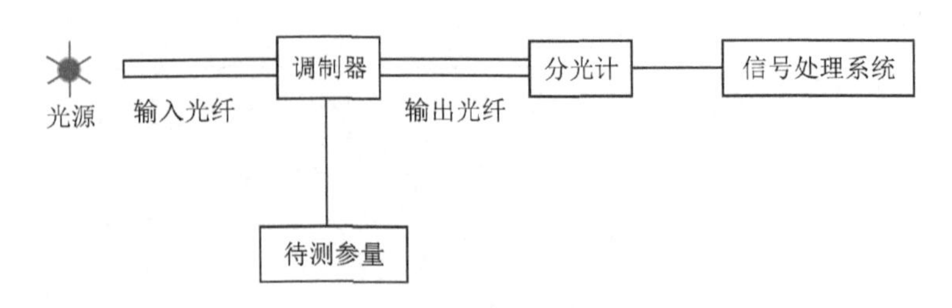

图 11-12 波长调制传感器原理

域。例如,对于人体血液的分析、pH 值检测、指示剂溶液浓度的化学分析、磷光和荧光现象分析、黑体辐射分析等。

11.2.5 光波偏振调制传感器

在许多光纤系统中,尤其是包含单模光纤的那些系统,偏振起着重要作用,许多物理效应都会影响或改变光的偏振状态,有些效应可引起双折射现象。光通过双折射介质的相位变化是输入光偏振状态的函数。光波偏振调制传感器主要用于振动测量。偏振调制测振仪靠外界待测量来产生光纤的双折射,造成光纤中折射率分布的各向异性,从而引起传输光偏振面的变化,由此即可以测量机械振动。光波偏振调制技术还可用于温度、压力、形变、电流和电场等的检测。

习题

1.试着设计一种光纤传感器,用于振动位移测量。

第 12 章　相位检测技术

干涉条纹图记录的是两束相干光波相互干涉而形成的光强分布，相位分布信息则是通过干涉效应编码在光强分布信息当中，因此通过干涉条纹图所记录的光强分布信息的解码可以得到相位分布信息。干涉条纹表示相位等值线，即同一条纹中心线上各点具有相同的相位值，相邻条纹中心线之间具有相同的相位差。在全息干涉、散斑干涉和云纹干涉等光测技术中，待测量与干涉条纹图的相位分布信息直接相关，因此提取相位分布信息就显得极其重要。

在现代光测技术中，传统相位检测方法需要进行条纹中心定位和条纹级数确定，以便得到干涉条纹图上条纹中心所在位置各点的相位值。为了弥补传统相位检测方法的不足之处，近年来人们对相位检测技术进行了广泛研究，提出了多种相位检测方法。

相移干涉法对相位信息直接进行测量，它使两束相干光波中的一列光波（如参考光波）的相位作步进式或连续式变化，通过分析和处理所采集的干涉条纹图，即可获取被测物体的相位信息。

按引入相移方式的不同，相移干涉法分为时间相移干涉法和空间相移干涉法。时间相移干涉法是指在时间序列上采集图像，在各帧图像之间形成固定的相位差。空间相移干涉法是指在空间序列上采集图像，在不同空间位置之间形成固定的相位差。

12.1　时间相移干涉法

12.1.1　时间相移装置

在时间相移干涉技术中，需要通过相移来实现两束相干光波之间的相位差值的改变。相移装置主要有移动反射镜、倾斜玻璃板、移动衍射光栅和旋转波片等，如图 12 - 1 所示 。

12.1.2　时间相移原理

在全息干涉、散斑干涉和云纹干涉等现代光测技术中，两束相干光波相互干涉在记录面上形成的光强分布可表示为

$$I(x,y)=A(x,y)+B(x,y)\cos\delta(x,y) \tag{12-1}$$

式中：$A(x,y)$为背景光强，$B(x,y)$为干涉条纹对比度（光强波动幅值）；$\delta(x,y)$为待测相位差。

式(12 - 1)中，$I(x,y)$为测得光强值，是已知量。$A(x,y)$、$B(x,y)$和$\delta(x,y)$均为未知量。因此要想确定这三个未知量的值，至少需要三个方程才能确定。时间相移干涉法在时间序列上采集图像，在各幅图像之间形成已知相位差，通过采集至少三幅图像，即可联立求解方程组，得到待测相位分布。

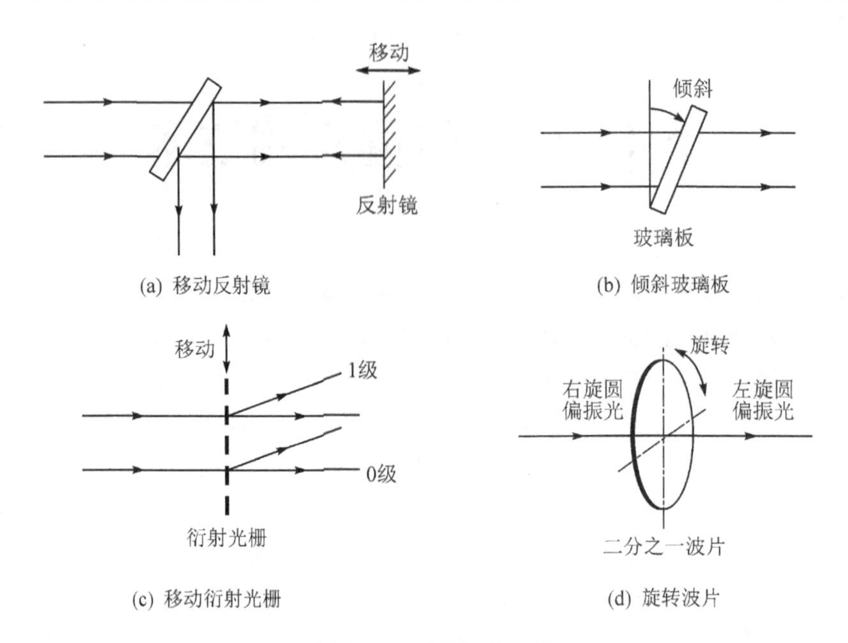

图 12-1　时间相移装置

时间相移干涉法分为步进相移法和连续相移法两种。步进相移法的相移量是步进式的，在干涉条纹图采集过程中保持不变；连续相移法的相移量在干涉条纹图采集过程中是连续变化的。

1.步进相移法

采用步进相移法时，每采集一幅干涉条纹图后，都需要进行精确的相移，然后再进行下一幅干涉条纹图的采集。设第 n 幅干涉条纹图的相移量为 α_n，则采集的干涉条纹图的光强分布为

$$I_n(x,y)=A(x,y)+B(x,y)\cos[\delta(x,y)+\alpha_n] \quad (n=1,2,\cdots,N) \tag{12-2}$$

通过引进不同的相移量 α_n，至少构造三个方程，即可确定待测相位 $\delta(x,y)$。

2. 连续相移法

在相移连续变化的同时，连续记录干涉条纹图。设每一幅干涉条纹图在记录时间内的相位变化为 $\Delta\alpha$，则第 n 幅干涉条纹图记录到的平均光强分布为

$$\begin{aligned}I_n(x,y)&=\frac{1}{\Delta\alpha}\int_{\alpha_n-\frac{\Delta\alpha}{2}}^{\alpha_n+\frac{\Delta\alpha}{2}}A(x,y)+B(x,y)\cos[\delta(x,y)+\alpha(t)]\mathrm{d}\alpha\\&=A(x,y)+\operatorname{sinc}\frac{\Delta\alpha}{2}B(x,y)\cos[\delta(x,y)+\alpha_n]\end{aligned} \tag{12-3}$$

式中：$\operatorname{sinc}\dfrac{\Delta\alpha}{2}=\dfrac{\sin\dfrac{\Delta\alpha}{2}}{\dfrac{\Delta\alpha}{2}}$。

可以看出，连续相移法与步进相移法相比，仅干涉光强表达式中的条纹对比度不同而已。连续相移法降低了条纹对比度，但随之带来的好处是抑制了随机噪声。

12.1.3　时间相移算法

在时间相移干涉法中，根据相移次数的不同，分为三步算法、四步算法和五步算法等。

1. 三步算法

设三次相移量依次为 α_1、α_2 和 α_3 时，则三幅干涉条纹图的光强分布为

$$I_1(x,y)=A(x,y)+B(x,y)\cos[\delta(x,y)+\alpha_1]$$
$$I_2(x,y)=A(x,y)+B(x,y)\cos[\delta(x,y)+\alpha_2]$$
$$I_3(x,y)=A(x,y)+B(x,y)\cos[\delta(x,y)+\alpha_3]$$

联立求解，得干涉条纹图的相位分布为

$$\frac{(\cos\alpha_2-\cos\alpha_3)-(\sin\alpha_2-\sin\alpha_3)\tan\delta(x,y)}{(2\cos\alpha_1-\cos\alpha_2-\cos\alpha_3)-(2\sin\alpha_1-\sin\alpha_2-\sin\alpha_3)\tan\delta(x,y)}$$
$$=\frac{I_2(x,y)-I_3(x,y)}{2I_1(x,y)-I_2(x,y)-I_3(x,y)} \tag{12-4}$$

式(12－4)是三步算法的一般表达式，如果已知 α_1、α_2 和 α_3，即可得到待求的相位差分布 $\delta(x,y)$。一般相移增量可以是 $\frac{\pi}{3}$、$\frac{\pi}{2}$ 和 $\frac{2\pi}{3}$。

同理可以得到四步算法和五步算法的公式。

2.最小二乘法

一般而言，无论相移量 α_n 和相移次数 $N(N\geqslant 3)$ 为多少，都能求出相位分布。但是当相移次数 $N(N\geqslant 3)$ 确定之后，适当选择相移量可以减小测量误差。研究表明，当相移量 $\alpha_n=\frac{2\pi(n-1)}{N}$，$n=1,2,\cdots,N$ 时，测量误差达到最小。

对应于第 n 步相移干涉条纹图的光强分布可重写为

$$I_n(x,y)=A(x,y)+B(x,y)\cos[\delta(x,y)+\alpha_n]$$
$$=a+b\cos\alpha_n+c\sin\alpha_n \tag{12-5}$$

式中：$a=A(x,y)$，$b=B(x,y)\cos\delta(x,y)$，$c=-B(x,y)\sin\delta(x,y)$。

通过考虑式(12－5)具有最小误差，进而可获得 a、b 和 c 的最佳值。

干涉条纹图的实际光强分布 $I_n(x,y)$ 与其对应的理想光强分布之间的偏差的平方和为

$$E(x,y)=\sum\{I_n(x,y)-[a+b\cos\alpha_n+c\sin\alpha_n]\}^2$$

根据最小二乘法原理，要得到最佳测量结果，上式应取极小值。以 a、b 和 c 的最佳结果为目标函数进行最小二乘拟合，上式分别对 a、b 和 c 求偏导数，并令其偏导数等于零，则得

$$\delta(x,y)=\arctan\left[-\frac{\sum I_n(x,y)\sin\alpha_n}{\sum I_n(x,y)\cos\alpha_n}\right] \tag{12-6}$$

这就是根据最小二乘法获得的相位差公式。

12.2 空间相移干涉法

如前所述，时间相移干涉法需要采集 3 幅或 3 幅以上具有相移的干涉条纹图，而且要求在图像采集期间干涉条纹图一定要保持稳定。因此，当对动态问题进行研究时，采用时间相移干涉法就遇到了困难，此时可采用空间相移干涉法。

空间相移干涉法分为步进空间相移干涉法和连续空间相移干涉法。步进空间相移干涉法是采用 3 个或 3 个以上图像传感器同时采集相移干涉条纹图，进而可得到任何一点的相位分布信息。这种方法比较复杂，应用上受到一定的限制。连续空间相移干涉法即在空间相移干涉法中引入载波，因此这种方法也称为空间载波法。空间载波法通过一幅干涉条纹图就可以得到相位分布信息，所以空间载波法特别适合动态问题的测量。

12.2.1 空间载波装置

空间载波可以通过多种装置产生，如光波倾斜、偏振编码和光栅移动等，但最简单的载波引入方式是倾斜参考光波。

12.2.2 载波频率选择

引入空间载波后，干涉条纹图所记录的光强分布为

$$I(x,y)=A(x,y)+B(x,y)\cos[\delta(x,y)+2\pi fx] \tag{12-7}$$

式中：f 为沿 x 方向（载波方向）所施加的线性空间载波频率；$\delta(x,y)$为待测相位分布。

干涉条纹图由图像传感器记录并存储为数字图像，其第(i,j)像素记录的光强为

$$I(x_i,y_j)=A(x_i,y_j)+B(x_i,y_j)\cos[\delta(x_i,y_j)+2\pi fx_i] \tag{12-8}$$

式中：(x_i,y_j)为干涉条纹图的像素坐标。

载波频率可按下述要求进行选择：

(1)若采用三步相移算法，取沿 x 轴方向（载波方向）的相邻取点之间由载波引入的相位差为$\frac{2\pi}{3}$。

(2)若采用四步相移算法，取沿 x 轴方向（载波方向）的相邻取点之间由载波引入的相位差为$\frac{\pi}{2}$。

12.2.3 空间载波原理

利用三步算法，假设第 $(i,\ j)$、$(i+1,j)$和$(i+2,j)$等相邻取点具有相同的背景光强、条纹对比度和待测相位，则第$(i,\ j)$、$(i+1,j)$和$(i+2,j)$取点的光强分别为

$$I(x_i,y_j)=A(x_i,y_j)+B(x_i,y_j)\cos[\delta(x_i,y_j)+2\pi fx_i]$$
$$I(x_{i+1},y_j)=A(x_i,y_j)+B(x_i,y_j)\cos[\delta(x_i,y_j)+2\pi f(x_i+\Delta x)]$$
$$I(x_{i+2},y_j)=A(x_i,y_j)+B(x_i,y_j)\cos[\delta(x_i,y_j)+2\pi f(x_i+2\Delta x)]$$

采用三步算法，沿 x 轴方向的相邻取点之间由载波引入的相位差为$\frac{2\pi}{3}$，即 $2\pi f\Delta x=\frac{2\pi}{3}$ 。

由此可得

$$\delta(x_i,y_j)=\arctan\left\{\frac{\sqrt{3}\left[I(x_{i+2},y_j)-I(x_{i+1},y_j)\right]}{2I(x_i,y_j)-I(x_{i+1},y_j)-I(x_{i+2},y_j)}\right\}-2\pi f x_i \tag{12-9}$$

同理可求得四步算法的相位差分布公式为

$$\delta(x_i,y_j)=\arctan\left\{\frac{I(x_{i+3},y_j)-I(x_{i+1},y_j)}{I(x_i,y_j)-I(x_{i+2},y_j)}\right\}-2\pi f x_i \tag{12-10}$$

通过以上公式即可求得干涉条纹图各点的相位分布。

显然，无论是三步算法还是四步算法，空间载波法只需一幅载波干涉条纹图即可得到全场相位分布信息。

12.3 相位展开技术

采用相移干涉技术，所得到的相位分布可统一表示为

$$\delta(x,y)=\arctan\frac{S(x,y)}{C(x,y)} \tag{12-11}$$

式(12－11)中表示的相位分布处于$-\frac{\pi}{2}\sim\frac{\pi}{2}$范围，即$\delta(x,y)$是位于$-\frac{\pi}{2}\sim\frac{\pi}{2}$范围的包裹相位(wrapped phase)。

根据$S(x,y)$和$C(x,y)$的正负号，式(12－11)所表示的位于$-\frac{\pi}{2}\sim\frac{\pi}{2}$范围的包裹相位可以通过如下变换扩展到$0\sim2\pi$范围：

$$\begin{cases}\delta(x,y)=\delta(x,y) & S(x,y)\geqslant0,C(x,y)>0\\ \delta(x,y)=\frac{\pi}{2} & S(x,y)>0,C(x,y)=0\\ \delta(x,y)=\delta(x,y)+\pi & C(x,y)<0\\ \delta(x,y)=\frac{3\pi}{2} & S(x,y)<0,C(x,y)=0\\ \delta(x,y)=\delta(x,y)+2\pi & S(x,y)<0,C(x,y)>0\end{cases} \tag{12-12}$$

经过公式(12－12)的相位扩展，相位分布区间已由$-\frac{\pi}{2}\sim\frac{\pi}{2}$变为$0\sim2\pi$，此时所得到的相位分布是位于$0\sim2\pi$范围的包裹相位。要得到连续相位分布则需要对包裹相位$\delta(x,y)$进行相位展开(phase unwrapping)。如果相邻像素之间的相位差达到或超过π，则通过增加或减少2π的整数倍相位就可消除相位的不连续性。

习题

1.仿照三步相移法，推导四步和五步相移法的相位计算公式。

2.如何利用相移法给出前面章节测量中的相位。

参考文献

[1] 王圣佑，曹才芝，韩召进.光测原理和技术[M].北京：兵器工业出版社，1992.

[2] 赵清澄.光测力学[M].上海：上海科学技术出版社，1982.

[3] 阮孟光，郭明洁，管大椿.光测力学[M].北京：北京航空航天大学出版社，1995.

[4] 张如一，陆耀桢.实验应力分析[M].北京：机械工业出版社，1981.

[5] J.W.达利，W.F.赖利.实验应力分析[M].赖铭宝，邓成光，译.北京：海洋出版社，1987.

[6] 陈健华.实验应力分析[M].北京：中国铁道出版社，1984.

[7] 佟景伟，伍洪泽.实验应力分析[M].长沙：湖南科学技术出版社，1983.

[8] 傅梦蘧，吴仲岱.实验应力分析[M].上海：知识出版社，1984.

[9] 潘少川，刘耀乙，钱浩生.实验应力分析[M].北京：高等教育出版社，1988.

[10] 王开福，高明慧，周克印.现代光测技术[M].哈尔滨：哈尔滨工业大学出版社，2009.

[11] 王惠文.光纤传感技术与应用[M].北京：国防工业出版社，2001.

[12] 孟克.光纤干涉测量技术[M].哈尔滨：哈尔滨工程大学出版社，2008.

[13] 黎敏，廖延彪.光纤传感器及其应用技术[M].武汉：武汉大学出版社，2008.

[14] 方钦志，胡勤伟，钱炯.一种定像距双目仿生三维测量仪器：201810327866.1[P].2018-11-20.

[15] 方钦志，钱炯，俞慧敏.基于单张图片的物体三维形貌非接触测量方法：201610370998.3[P].2016-11-09.

[16] 方钦志，乔永乐.基于数字图像法的物体表面形貌的测量方法：201010238616.4[P].2010-12-01.

[17] 方钦志，闫兴伟，晋利.基于光强原理测量应变的数码云纹方法、系统、设备及存储介质：202110888085.1[P].2021-11-30.

[18] FANG Q Z，WANG T J，LI H M.Large tensile deformation behavior of PC/ABS alloy [J].Polymer，2006 (47)：5174-5181.

[19] FANG Q Z，WANG T J，BEOM H G，etc.Rate-dependent large deformation behavior of PC/ABS[J].Polymer，2009(50)：296-304.

[20] QIAN J，FANG Q Z，HU Q W，etc.Method to measure 3D deformation using defocused images of objects with artificial speckle features[J].Applied Optics，2018，57 (8)：1807-1816.

[21] FANG Q Z，QIAN J，HYEONGYU B，etc.Optical method to measure the surface of objects by using only one photo[J].Applied Optics，2017，56(7)：2038-2046.